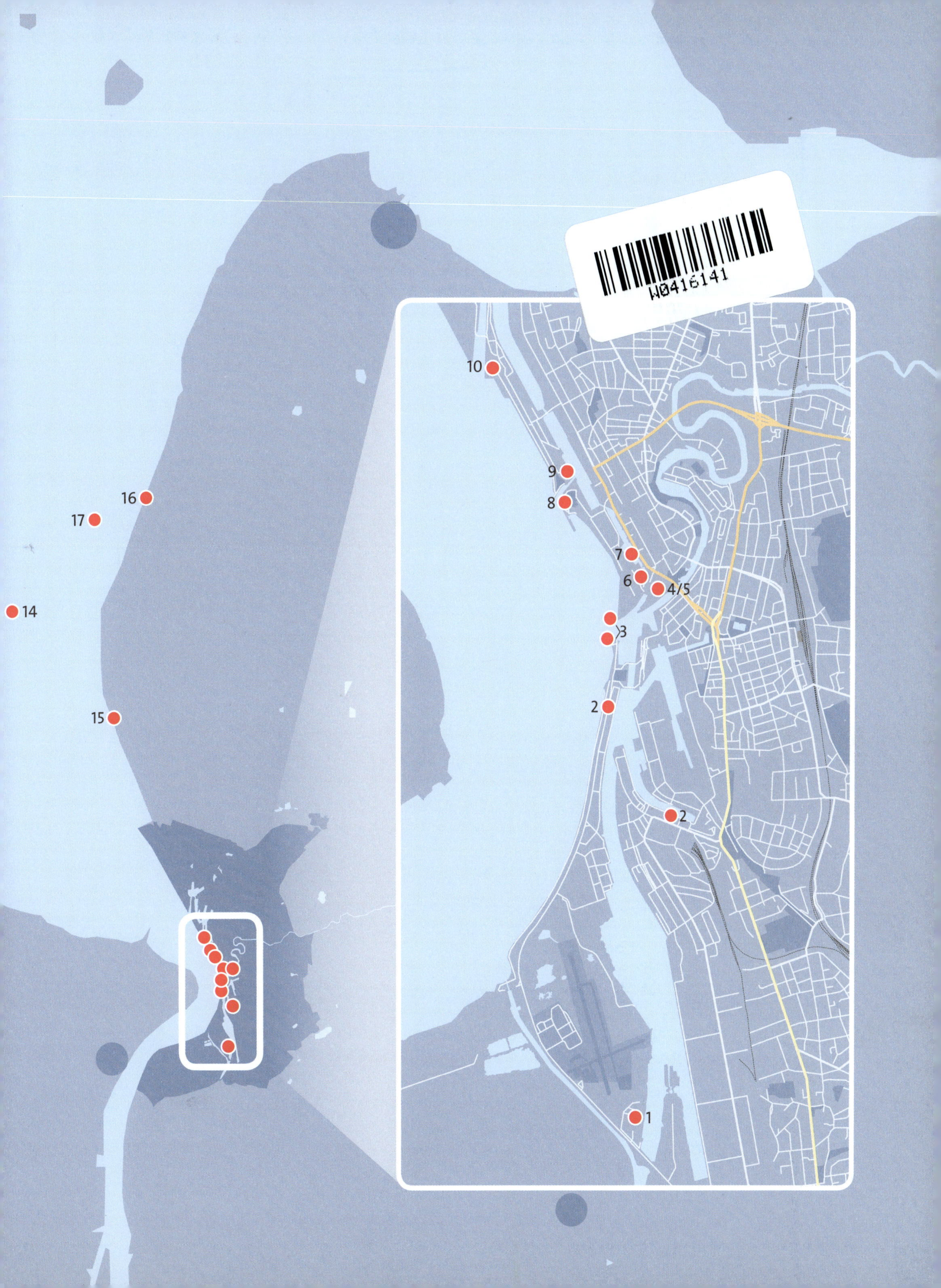

10
9
8
7
6
4/5
3
2
2
1
16
17
14
15

LEUCHTTÜRME
AN DER UNTERWESER

HELMUT STAPEL

LEUCHTTÜRME AN DER UNTERWESER

Geschichten von Freiheit und Meer

Carl Schünemann Verlag

Inhalt

Helmut Stapel, 50 Jahre alt, Küstenkind, Kapitänssohn und Segler, arbeitet seit mehr als 20 Jahren als freier Journalist – unter anderem für die ARD im Bereich Reise und Wissenschaft sowie für DIE ZEIT und hat bereits mehrere Bücher veröffentlicht.

Er liebt seine Frau, das Meer, gut erzählte Geschichten und besondere Orte. Ganz besonders Leuchttürme, weil jeder auf seine Art einzigartig ist und seine Geschichte erzählt – wenn man genau hinhört.

Vorwort

Was fasziniert die Menschen eigentlich so an Leuchttürmen? Zumal die meisten Türme gar nicht mehr aktiv sind, sondern scheinbar unnütz in der Gegend herumstehen – und das manchmal noch nicht einmal in der stürmischen See, sondern auf dem sicheren Land. Als Symbol für einen »Fels in der Brandung« taugen die meisten also schon mal nicht.

Ist es die Seefahrerromantik, die unweigerlich mit Leuchttürmen in Verbindung gebracht wird? Oder ist es die individuelle Bauweise, denn schließlich ist jeder Leuchtturm einzigartig? Vielleicht ist es aber einfach auch die Farbgebung der klassischen Leuchttürme, das Leichte und Verspielte der rot-weißen Ringel?

Selbstverständlich gab es Leuchttürme schon lange vor unserer Zeit – den legendären Koloss von Rhodos zum Beispiel. Der war, Überlieferungen zufolge, nicht geringelt; das hätte wohl auch eigenartig ausgesehen. Die Statue war rund 32 Meter hoch, stellte den Sonnengott Helios dar und soll in der rechten Hand ein Leuchtfeuer gehalten haben. Leider überdauerte der Koloss nur wenige Jahrzehnte, bis er im Jahr 277 vor Christus einem Erdbeben zum Opfer fiel.

Aber der Mensch, und damit auch der Leuchtturmbauer, ist lernfähig. So entstand vor der Hafeneinfahrt der ägyptischen Stadt Alexandria auf der Insel Pharos der erste historisch belegte Leuchtturm – und der hielt. Immerhin bis zum vierten Jahrhundert nach Christus, als er, ebenfalls durch ein Erdbeben, zerstört wurde. Um 1320 wurde der Turm dann endgültig dem Erdboden gleichgemacht – durch ein weiteres Erdbeben.

Stabil mussten sie also sein, die Leuchttürme, um den Naturgewalten zu trotzen – besonders draußen auf dem Meer. Deshalb baute man aus Stein, man baute aus Gusseisen, man baute aus Stahlbeton, Aluminium und schließlich sogar aus glasfaserverstärktem Kunststoff.

An der Wesermündung als einem vielbefahrenen Wasserweg mussten sich die Ingenieure schon sehr früh diesen Herausforderungen stellen. Mit dem Bau des Leuchtturmes Roter Sand beispielsweise entstand das weltweit erste Offshore-Bauwerk – geringelt, versteht sich.

Immer wieder haben die Baumeister hier an der Weser mit der Errichtung von Leuchttürmen den Kampf mit den Elementen aufgenommen – und gesiegt. Roter Sand, Hohe Weg, Leuchtturm Alte Weser, Robbenplate, Eversand: Jahrzehntelang wiesen diese und andere Türme den Schiffen in stürmischer Nacht den sicheren Weg zum Hafen oder raus auf große Fahrt in die Nordsee.

Die Zeit der alten Leuchtfeuer aber ist vorbei. Die moderne Technik hat die Laternen zum großen Teil überflüssig gemacht – und damit auch die Leuchtturmwärter. Heutzutage lenken vollautomatische Richtfeuer mit modernen Lichtsystemen und Radar die Schiffe. Die Leuchttürme selbst allerdings sind immer noch da, manches Mal durch Bürgerinitiativen vor dem Abriss oder der Verschrottung gerettet.

Was also fasziniert die Menschen so an Leuchttürmen? Dieses Buch kommt der Antwort auf diese Frage ein großes Stück näher, denn bestenfalls beantworten die Leser sich diese Frage am Ende sogar selbst: Wenn sie nach der Lektüre ebenso fasziniert sind von Leuchttürmen wie schon so viele Menschen vor ihnen. Und um den Weg dorthin zu erleichtern, hilft dieses Werk mit seinem »Lütten Leuchtturmlexikon« am Ende des Buches. Jeder maritime Fachbegriff, der in den Texten halbfett markiert ist, wird dort für Landratten, »Sehleute« und Küstenfans erklärt.

Viel Freude beim Lesen, Stöbern und Entdecken wünscht

H. St.

Helmut Stapel

Brinkamahof / Marina Kuhlmann

Technische Daten und Geschichte

Warum der Leuchtturm Brinkamahof im Volksmund »Kleiner Roter Sand« genannt wird, liegt auf der Hand: In der rot-weißen Farbgebung ähnelt er seinem »großen Bruder« in der **Außenweser** sehr – ist allerdings mit einer Höhe von 26 Metern deutlich kleiner als der Rote Sand (Gesamtbauwerk mit Unterwasser-Fundament 52,5 Meter).
Das **Leuchtfeuer** des Leuchtturmes Brinkamahof liegt in einer Höhe von etwa 20 Metern. Der aus Eisenringen gefertigte Turm stand von 1912 bis 1980 im Wurster Watt vor dem heutigen Bremerhavener Stadtteil Weddewarden. Er musste dem Bau des Containerterminals 2 weichen. Im Jahr 1980 wurde der 180 Tonnen schwere Turm in einer aufsehenerregenden Aktion mit Hilfe eines **Schwimmkrans** an seinen heutigen Standort zur **Marina** der Familie Kuhlmann im südlichen Fischereihafen gebracht.

Martin Kreitz

Kranfahrer auf dem Tonnenleger »Nordergründe«

»Leuchttürme wie der Roter Sand sind für mich Ur-Leuchttürme und schöne Bauwerke. Alles andere – nur mit Stahlschaft und Lampe oben drauf – steht einfach als Technik herum.«

Ein technisch anmutendes Gebäude ist der Leuchtturm Brinkamahof mit seinen klassischen rot-weißen Streifen wirklich nicht. Der Turm sieht aber nicht nur beeindruckend aus, er hat auch im wahrsten Sinne des Wortes eine bewegte Geschichte hinter sich.

Brinkamahof wurde in den Jahren 1910 und 1911 im Norden Bremerhavens nahe des heutigen Stadtteils Weddewarden gebaut – damals war das noch eine eigenständige Ortschaft. Beim Bau wurde darauf geachtet, dass der Turm möglichst leicht versetzt werden konnte. Die Erklärung dafür ist simpel: Das **Fahrwasser** der Weser war zu dieser Zeit noch in ziemlicher Bewegung. Die Fahrrinne, in der wir heutzutage große Frachter, Schlepper und Kreuzfahrtschiffe fahren sehen, wurde erst nach dem Bau des Leuchtturmes künstlich geschaffen – in den Jahren 1923/24 durch die Fahrwasserverlegung mit Hilfe von **Schwimmbaggern**.

Der Leuchtturm Brinkamahof – übrigens benannt nach dem Hof einer alteingesessenen Bauernfamilie – blieb allerdings doch an seinem Standort. Als sogenanntes **Unterfeuer** wurde er in die **Richtfeuerlinie** Weddewarden mit einbezogen. Sein Licht hatte zuletzt eine Reichweite von 17 Seemeilen, und er wies seit der ersten Leuchtfeuer-Entzündung im Jahr 1912 bis Ende der 1970er Jahre vielen Schiffen den Weg auf der Weser.

Als dann die Erweiterung des Bremerhavener Containerterminals notwendig wurde, standen die Planer vor einem Problem: Wohin mit dem Leuchtturm? Ein Inserat mit dem ungewöhnlichen, aber treffenden Titel »Leuchtturm zu verschenken« sorgte zwar für einige Interessenten, aber die Sache hatte einen Haken: Den Abtransport des 180 Tonnen schweren Turms sollte der neue Eigentümer selbst bewerkstelligen und auch bezahlen.

Für den Bremerhavener Kapitän Helmut Kuhlmann und seine Frau Ilse war diese Bedingung allerdings eher Herausforderung als Abschreckung. Sie organisierten kurzerhand den Schwimmkran Thor und ließen den Leuchtturm in einer spektakulären Aktion vom Wurster Watt in den südlichen Fischereihafen bringen. Hier hatten die beiden einen kleinen Hafen für Segelschiffe, den sie nun mit dem einzigartigen Leuchtturm eindrucksvoll schmückten.

Heute steht der Leuchtturm Brinkamahof immer noch im Fischereihafen, und auch die Marina ist noch in Betrieb. Neben dem Aufstellen des Turmes haben sich die Kuhlmanns noch einen weiteren Traum erfüllt: Sie sind in die obersten Stockwerke eingezogen und wohnen nun im Leuchtturm. Das Schöne daran für Besucher: Die untere Etage haben die Hafen-Betreiber frei gelassen und dort kurz entschlossen eine Kneipe eröffnet. Im »Sailors Pub« ist Platz für 30 Gäste – und wer schon immer mal ein frisch gezapftes Bier in einem Leuchtturm trinken wollte, der ist dort herzlich willkommen.

Das Wurster Watt: lange Zeit der Original-Standort des Leuchtturmes Brinkamahof.

Stolzer Leuchtturmbesitzer: Der Küstenmensch und Segler Helmut Kuhlmann liebt sein ungewöhnliches Zuhause.

Kommt ein Leuchtturm geflogen

»Wohnen in den eigenen vier Wänden« – dieser Werbespruch trifft auf Helmut und Ilse Kuhlmann nur bedingt zu. Für den Kapitän und seine Frau müsste es eher heißen: »Wohnen in der eigenen Wand«, denn ihre Hauswand führt einmal im Kreis herum: Sie wohnen in einem Leuchtturm.

Der Blick aus den schmalen Fenstern reicht inzwischen nicht mehr ganz so weit wie noch 1980, als der Leuchtturm Brinkamahof im Fischereihafen aufgestellt wurde. Damals war hier statt dichtem Baubestand nur grüne Wiese, und Helmut und Ilse Kuhlmann suchten nach einem Blickfang für die frisch von ihnen gegründete »Nordsee Yachting GmbH«.

Ein wirklicher Hingucker: der Transport des Leuchtturmes Brinkamahof per Schwimmkran.

Das Inserat »Leuchtturm zu verschenken« war da wie ein Geschenk des Himmels – tatsächlich aber vom Wasser- und Schifffahrtsamt. Wegen der Erweiterung des Containerterminals musste der Turm verschwinden. Die Kuhlmanns griffen zu und schon baumelte der rot-weiß gestreifte, 180 Tonnen schwere Leuchtturm am Haken eines **Schwimmkrans** und war auf dem Weg in den Fischereihafen.

»Das war schon ein Anblick«, erinnert sich Helmut Kuhlmann. Der morgendliche Kaffee zuhause war schnell getrunken, und raus ging es mit dem Segelboot auf die Weser. Es war regnerisch, aber nicht sehr windig. Gute Voraussetzungen für den Transport des Turmes. Der Schwimmkran Thor war bereits in Position. »Bis Punkt 6 Uhr morgens war der Leuchtturm noch im Dienst. Schon um 6:15 Uhr hing er am Haken des Schwimmkrans, der ihn wie ein Spielzeug in die Luft hob«, erinnert sich Helmut Kuhlmann. Die größte Schwierigkeit war das Abheben des Turmes von seinem Fundament. »Wenn der Turm irgendwo hängen geblieben wäre, hätte er in sich zusammenbrechen können.« Als dann der Turm endlich an seinem zukünftigen Platz stand, war das für Helmut und Ilse Kuhlmann ein tolles Gefühl: »Wir haben erst mal den Sektkorken knallen lassen. Es lief alles wie am Schnürchen.«

Maritime Premiere: Leuchtturmtreffen an der Geestemündung.

Schon bald darauf zogen die beiden in ihren Leuchtturm ein. Wie das war? »Wir haben uns dort von Anfang an sehr wohl gefühlt, und das ist bis heute so«, sagen sie. Manche Dinge muss man in dem einzigartigen Domizil allerdings unkonventionell lösen. Bilder aufhängen zum Beispiel. Oder auch Schränke aufstellen. »Man muss wissen, dass dieser Leuchtturm von Anfang an bewohnt war. Die Wände sind mit einem Korkgranulat isoliert. Von daher können wir tatsächlich für Bilder die Nägel in die Leuchtturmwand schlagen. Nur die Küche mussten wir extra in einer etwas runderen Form von einem Tischler anfertigen lassen.« Und auch Löcher in die Wände zu bohren, wäre wegen der Eisenkonstruktion des Turmes eher ungünstig. Apropos Wohnen: Wie lebt es sich denn im Winter in dem Eisenturm? »Wenn es draußen friert, bleibt es im beheizten Turm durch die dicke Kork-Isolierung richtig warm«, sagt Helmut Kuhlmann. Und das gilt auch für das Wohnzimmer der Kuhlmanns an der Spitze des Turmes: Der ehemalige Lampenraum wurde komplett mit Isolierglas verkleidet, sodass die begeisterten Segler und Marina-Besitzer aus ihrem vollverglasten Wohnzimmer einen 360-Grad-Rundumblick haben.

Seefahrt pur: der heutige Treppenaufgang im Brinkamahof.

Wohnleuchtturm und Kneipe: Helmut Kuhlmann liebt Geselligkeit.

Um sich in der kalten Jahreszeit auch noch anderweitig aufzuwärmen, halten es die Kuhlmanns wie mit der Eckkneipe: Man geht runter und trinkt einen Glühwein. Der Unterschied: Helmut und Ilse Kuhlmann brauchen nur ins Erdgeschoss ihres Eigenheims zu gehen, wo sie die Kneipe »Sailors Pub« betreiben – und die »Eckkneipe« ist … richtig: rund!

Maximal 30 Gäste passen in den kleinen Schankraum und »dann wird´s erst richtig gemütlich«, wie Helmut Kuhlmann augenzwinkernd sagt. Die Theke ist selbstverständlich rund und auch die Sitzbank an der Wand ist der Leuchtturm-Form angepasst. An den Wänden hängen Leuchtturm-Bilder, gegenüber des Tresens baumelt ein Rettungsring, überall sind Fahnen und Wimpel – Seemanns-Atmosphäre pur. Und das Schönste an der Kneipe im Leuchtturm Brinkamahof ist gleichzeitig auch das Praktischste: Man kann den Tresen nicht verfehlen, sondern muss nur an der Wand entlanglaufen.

Wie für die Postkarte gebaut: der Leuchtturm Brinkamahof um 1920 vor der Küste von Weddewarden.

Hand- und Präzisionsarbeit: Leuchtturmbau mit Fundament und Herz um 1910.

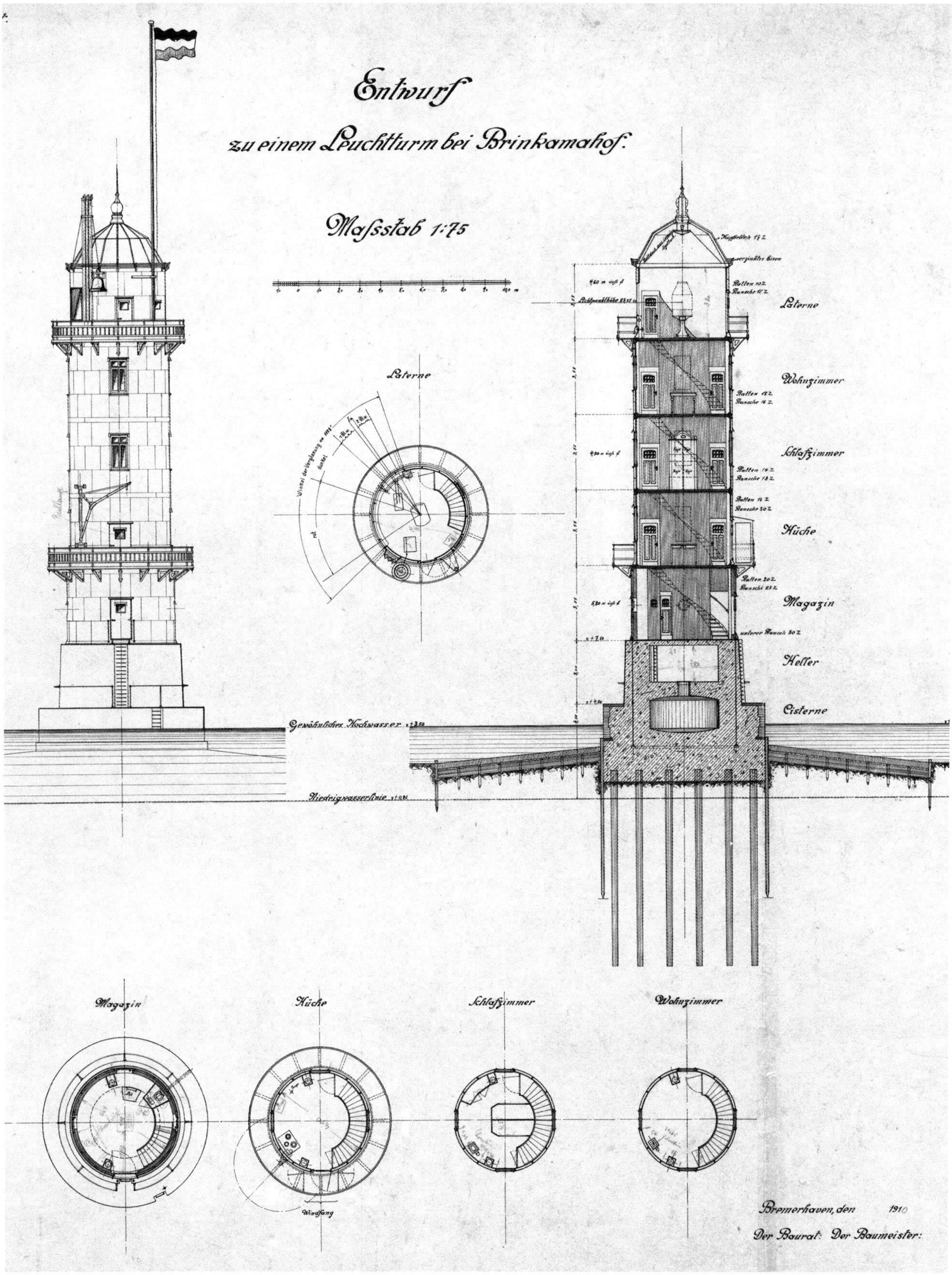

Wohnlich und bis ins letzte Detail durchgeplant: der Leuchtturm Brinkamahof.

Oberfeuer und Unterfeuer Fischereihafen

Technische Daten und Geschichte

Leuchttürme und Seefahrer-Romantik – das gehört zusammen wie Schiffe und Wasser. Im Laufe der Jahrzehnte allerdings hat sich das geändert. Die Technik hat die Romantik überholt. Leucht- und Richtfeuer haben Einzug gehalten – wie beispielweise das **Oberfeuer** und das **Unterfeuer** Fischereihafen, die statt Geschichte(n) Daten zu bieten haben.

Mit einer Höhe von 44 Metern ragt das rot-weiß geringelte Oberfeuer weithin sichtbar über dem Fischereihafen auf. Der »kleine Bruder« – das Unterfeuer – steht gut 1,3 Kilometer entfernt am Weserdeich und begnügt sich mit 11 Metern Höhe. Beide wurden 1973 errichtet und weisen mit ihren Lichtern der Schifffahrt den Weg. Weseraufwärts fahrende Schiffe – die also Richtung Bremen unterwegs sind – wissen auch in der Dunkelheit, dass sie im sicheren **Fahrwasser** sind, wenn die beiden Lichter der Türme übereinanderstehen, also eine Linie bilden.

In direkter Nähe steht das 25 Meter hohe Oberfeuer Geestemünde. Es leitet Schiffe gemeinsam mit dem Unterfeuer Fischereihafen sicher weserabwärts Richtung Nordsee. Das Unterfeuer Fischereihafen hat nämlich zwei Lichter – eins für jede Richtung.

Landmarke und Blickfang: das Oberfeuer Fischereihafen.

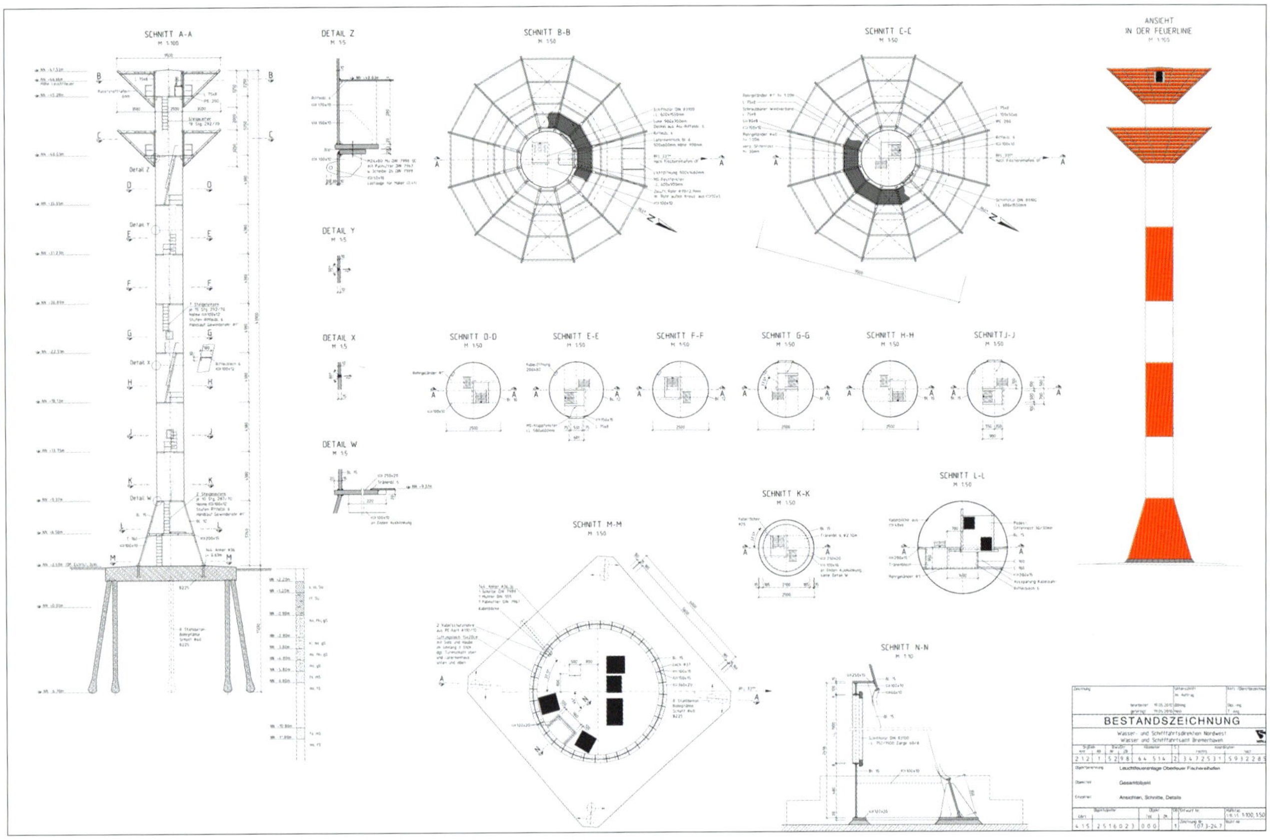

Technische Feinarbeit bis zur Fertigstellung: der Grundriss des Oberfeuers.

Korn und Doppelkorn

Seeleute, so sagt man, sind nicht nur see-, sondern auch trinkfest. Das ist nicht nur für die Besitzer von Hafenkneipen ein glücklicher Umstand, sondern auch für die Leuchttürme der Moderne – die Leucht- oder auch Richtfeuer.

Denn Geschichten gibt es wenig um die meist technisch gehaltenen Bauwerke – man könnte auch sagen: die nüchtern gehaltenen Bauwerke, um im Bild zu bleiben. Das trifft auch auf das **Oberfeuer** Fischereihafen und das **Unterfeuer** Fischereihafen zu. Während sich die Namensgebung ganz simpel durch die unterschiedlichen Höhen der beiden **Leuchtfeuer** (Oberfeuer: 44 Meter/Unterfeuer: 11 Meter) erklärt, ist die Namensfindung durch den Volksmund etwas mysteriöser.

Nachdem die beiden Türme im Jahr 1973 fertiggestellt und in Betrieb waren, brauchte es nur kurze Zeit und ein paar nebelige Nächte, bis der Spitzname für die beiden neuen Leuchtfeuer feststand: Korn und Doppelkorn. Einheimische bestehen darauf, dass lediglich die Form der beiden Turmaufsätze in Form eines klassischen Schnapsglases dafür verantwortlich ist. Manche allerdings meinen, dass hier vielmehr der Wunsch der Vater des Gedanken war und nicht nur die Nächte leicht benebelt waren. Seeleute sind eben nicht nur seefest.

Geestevorhafen Nordfeuer und Südfeuer

Stehen sich an der Geesteausfahrt gegenüber: Nord- und Südfeuer.

Technische Daten und Geschichte

Ein ungleicheres maritimes Zwillingspaar an der Nordseeküste gibt es wohl kaum: Zusammen mit dem gegenüberliegenden Südfeuer markiert das Nordfeuer auf der Geestemole den Eingang zum Geestevorhafen. Im Gegensatz zu seinem »Südfeuer-Zwilling« in grüner Metallgerüst-Form ist das Nordfeuer allerdings aus rotem Backstein gebaut. Mit einer Gesamthöhe von rund 19 Metern ist der Turm als deutlich sichtbare Markierung der Nordmole seit 1914 in dieser Form in Betrieb. Der dreigeschossige Turm steht auf dem ebenfalls gemauerten Molenkopf, der – wie zur Bauzeit üblich – auf starken Holzpfählen gegründet wurde. Heißt: Für den Bau der **Mole** wurden die Pfähle in den Hafenboden gerammt, ebenso wie bei der Mole des Südfeuers an der Einfahrt zum Geestevorhafen.

Malerisches Bild aus vergangenen Zeiten bis in die heutige Zeit: der Kopf des Leuchtturmes auf der Geestemole.

Immer schon beliebtes Ausflugsziel: die Geestemole um 1925.

Moderne Zeiten, moderne Schiffe: die Weserfähre auf ihrem Weg nach Blexen (1967).

Geestemole: Nordfeuer

Mit seiner roten Haube und der klassischen Backsteinform zählt der kleine Leuchtturm am Kopf der Geeste-Nordmole zu den beliebtesten Fotomotiven an der Küste.

Bereits 1857 stand hier an der Geesteeinfahrt ein kleineres **Leuchtfeuer**. Es wurde beim notwendigen Ausbau der Hafeneinfahrt für die rasant wachsende Schiffbauindustrie in den Jahren von 1912 bis 1914 durch den heutigen Leuchtturm ersetzt.

Warum die Einfahrt zur Geeste – ein wichtiger Zugang zum Fischereihafen und auch zu den früher am Fluss arbeitenden Werften – sich so uneinheitlich präsentiert, dazu gibt es verschiedene Theorien. Eine basiert darauf, dass die Stadt Bremerhaven nicht immer in der heutigen Form existierte. So war Geestemünde – auf der Südseite des Flusses gelegen – bis 1924 selbstständig. Erst danach ging die zuletzt kreisfreie Stadt zuerst in der Stadt Wesermünde und im Jahr 1947 in Bremerhaven auf.

Deutlich sichtbar wird diese Trennung unter anderem durch die unterschiedliche Gestaltung der beiden Leuchtfeuer am Eingang zur Geeste. Bremerhaven – 1827 von Bremen als Hafenniederlassung gegründet – präsentiert sich mit dem Nordfeuer eher hanseatisch-kaufmännisch. Geestemünde – als Werftenstandort und Fischereihafen 1847 vom Königreich Hannover als Konkurrenz zu Bremerhaven gegründet – demonstriert mit der Metallkonstruktion des zuletzt 1924 umgebauten Südfeuers eher handwerkliche Tradition und Schiffbaugeschichte.

Heutzutage ist die Nordmole, wenn sie nicht wegen Sanierungsarbeiten gesperrt ist, ein romantischer Treffpunkt für Liebespaare und Sonnenuntergangs-Liebhaber, die von überall herkommen. Auch aus Geestemünde.

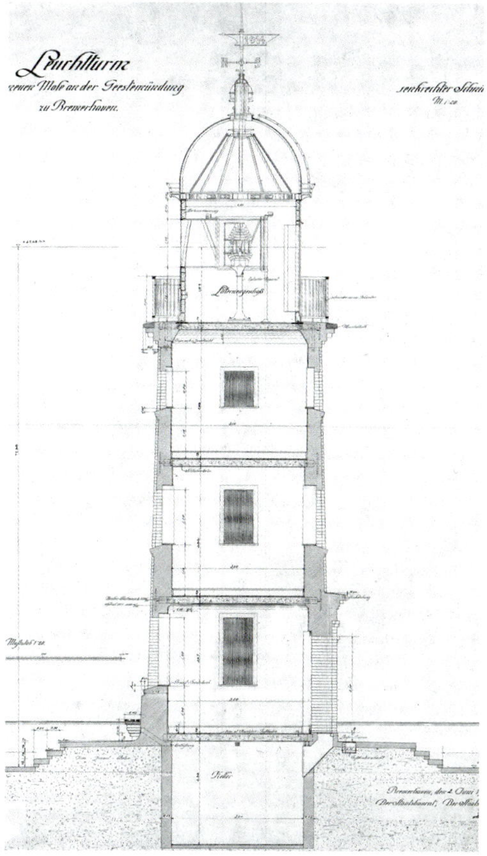

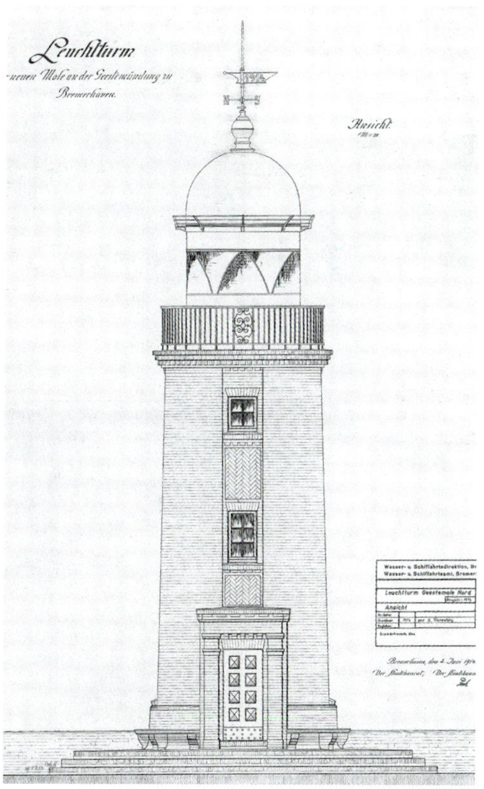

Optische Feinplanung: das Nordfeuer auf der Geestemole.

Wichtige Funktion für den Geestevorhafen: das Südfeuer ...

... und zeitlos praktisch im Design (Foto um 1995).

Geesteeinfahrt: Südfeuer

Auch wenn das Südfeuer an der Einfahrt zum Geestevorhafen ein **Leuchtfeuer** ist und damit naturgemäß leuchtet, führt es doch irgendwie ein Schattendasein.

Als nüchtern-technische Konstruktion aus Metallstreben gebaut, steht das Südfeuer seinem Nachbarn, dem Nordfeuer – einem klassischen Backstein-Leuchtturm mit roter Haube –, etwas unscheinbar gegenüber. Gebaut in der heutigen Ansicht im Jahr 1924, trägt die sogenannte »Gitterbake« passend zu ihrer grünen Grundfarbe einen grünen Laternenraum am Kopf. Die Höhe des Leuchtfeuers von rund 15 Metern ist recht beachtlich – wird aber vom Nordfeuer mit rund 17 Metern Leuchtfeuerhöhe geschlagen. Auch gibt es im Vergleich zum Nordfeuer wenig Fotos vom Südfeuer, was an der eher nüchternen Konstruktion liegen mag.

Einen entscheidenden Vorteil aber konnte der Leuchtturm an der Steuerbordseite der Einfahrt zur Geestemole dann doch für sich festmachen: Er steht an der Spitze einer weitläufigen Kaje, die im Laufe der Jahrzehnte von immer mehr Liebespaaren als Ausflugsziel entdeckt worden ist. Im Volksmund hat sich deshalb für die Kaje inklusive des darauf stehenden Leuchtturmes der Name »Liebesinsel« etabliert. Insofern hat das Südfeuer seinem Nachbarn immerhin den romantischen Beinamen voraus ...

Radarturm

Technische Daten und Geschichte

Mit einer Höhe von knapp 114 Metern gehört der Radarturm Bremerhaven zu den höchsten Gebäuden Bremerhavens. Richtig wäre tatsächlich die Bezeichnung »**Richtfunkturm**« – die Radarfunktion wurde dem Turm vom Volksmund dazugedichtet.

Nach einer Bauzeit von knapp vier Jahren ging der Turm am 6. September 1965 in Betrieb. Als »Verkehrszentrale Bremerhaven Weser Traffic« sorgt der Turm mit seinen zahlreichen Antennen und Sendeanlagen für die Sicherheit der Schifffahrt auf der Weser. In der integrierten Revierzentrale am Fuß des Turmes werden rund um die Uhr die Schiffsbewegungen auf einer Distanz von rund 85 Kilometern zwischen Brake und der Insel Wangerooge überwacht und koordiniert.

Ragt weiter über den Alten Hafen: der Radarturm.

Sabine Löschmann

Angestellte aus Bremerhaven

»Mit Leuchttürmen verbinde ich eigentlich überhaupt nichts. Sie sind einfach da. Allerdings haben wir unsere Hochzeitsfotos am Leuchtturm auf der Geestemole gemacht – das war schön.«

Für Hochzeitsbilder vor dem Radarturm Bremerhaven müsste sich der Fotograf allerdings auf den Erdboden legen. Immerhin hat der Turm eine Höhe von 114 Metern. Er ist durch seine markante Bauweise längst zu einem inoffiziellen Wahrzeichen der Stadt geworden und bei Einheimischen sowie Gästen der Stadt aus einem bestimmten Grund gleichermaßen beliebt: Man kann für einen geringen Eintritt mit dem Fahrstuhl im Inneren des Turms bis auf die Besuchergalerie in 59 Meter Höhe fahren und von hier aus den Rundumblick über die Seestadt und die weite Landschaft bis hin zum Meer genießen. Das Beste daran: Die Galerie ist verglast, sodass nicht einmal Sturm oder Regen den Besuchern etwas anhaben können.

Auch der Turm selbst ist für jede Wetterlage an der Küste bestens gerüstet. Er steht auf insgesamt 64 Stahlpfählen, die 24 Meter tief in den Boden gerammt wurden. Dementsprechend trotzt der **Richtfunkturm** bereits seit 50 Jahren unermüdlich und mit Gelassenheit den Stürmen. Er gehört dem Wasser- und Schifffahrtsamt Bremerhaven (WSA), das sich von hier aus um die Schiffssicherheit auf der Weser kümmert.

Dass der Richtfunkturm im Volksmund »Radarturm« genannt wird, hat nichts mit seiner technischen Ausstattung zu tun. Tatsächlich verfügt der Turm über keine einzige Radarantenne. Er empfängt aber die Signale von acht Land-Radarstationen mit aktuellen Schiffspositionen, die von den Mitarbeitern der Revierzentrale am Fuß des Turms ausgewertet und genauestens beobachtet werden. Sie sind praktisch so etwas wie Fluglotsen – nur auf dem Wasser – und sorgen dafür, dass der Schiffsverkehr reibungslos läuft.

Insgesamt überwacht das Wasser- und Schifffahrtsamt Bremerhaven einen Flussabschnitt von rund 85 Kilometern – von Brake in der Wesermarsch bis in die Nordsee nördlich der Insel Wangerooge. Dazu gehört auch die Wartung und Pflege von mehr als 50 **Leuchtfeuern**. Eines der schönsten darunter ist tatsächlich der eher nüchterne Radarturm – wenn auch im übertragenen Sinn: In den Abendstunden wird der Turm von leistungsstarken Strahlern mit Farbfiltern angestrahlt, die den 114-Meter-Antennenträger weithin sichtbar in schillernden Farben leuchten lassen.

Massives Fundament: der Radarturm im Bau.

Fast ein surreales Kunstwerk: das Baugerüst.

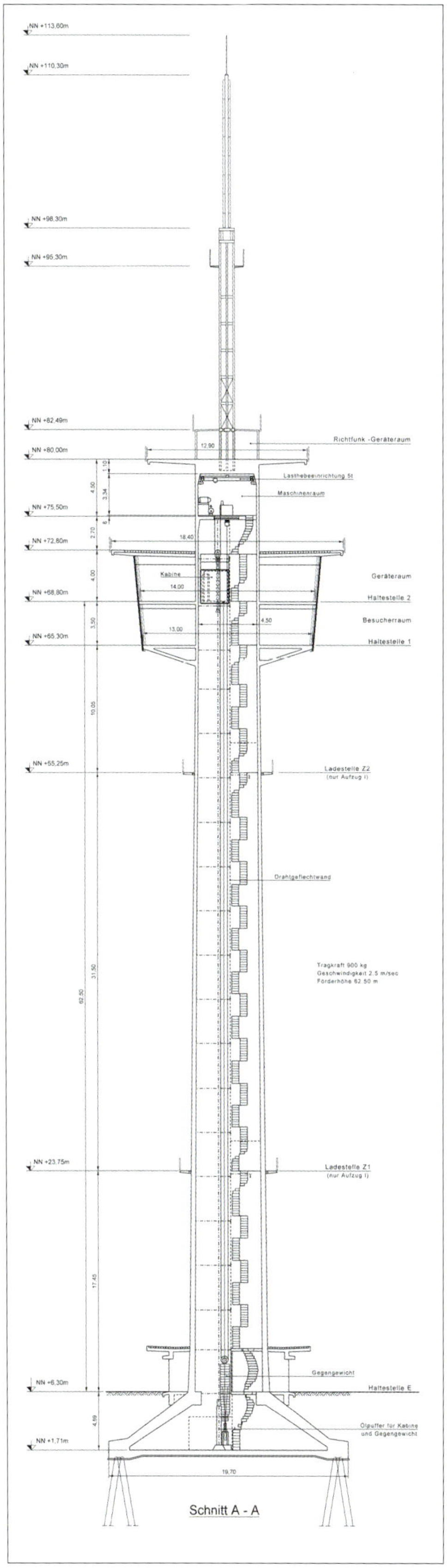

Technisch durchdacht: die Risszeichnung.

Tonnenhof des Wasser- und Schifffahrtsamtes

Die kleinen Leuchttürme der Moderne: Leuchttonnen.

Technische Fakten und Hintergründe

Auch wenn die alte Zeit der Leuchttürme vorbei ist und ihre Laternen erloschen sind, gibt es doch auf der Weser immer noch Leuchttürme – sie sind nur wesentlich kleiner: die **Leuchttonnen** am **Fahrwasser**. Solarbetrieben begrenzen ihre Lampen in Rot und Grün die Seiten der tiefen Fahrrinne und zeigen so den Schiffen auf der Weser den sicheren Weg in den Hafen und auch hinaus in die Weite der Nordsee. Flussaufwärts, aus Richtung See kommend, sind die grünen **Tonnen** auf der rechten Seite des Schiffes – seemännisch **steuerbord** – und die roten Tonnen an der linken Seite des Schiffes – seemännisch **backbord**.

Insgesamt gibt es zwischen Bremen und der **Außenweser** auf einer Strecke von gut 60 Kilometern mehr als 450 beleuchtete und unbeleuchtete Seezeichen. Die größten davon haben eine Gesamtlänge von fast 12 Metern – wobei mehr als die Hälfte der Tonne unter der Wasseroberfläche ist – und wiegen bis zu 6.500 Kilogramm. Die Tonnen sind mit einer massiven Metallkette an einem sogenannten Ankerstein befestigt, der sie am Grund des Flusses auf Position hält. Allerdings werden die Tonnen zum Beispiel durch Ebbe und Flut, Strömung oder auch Sturmfluten immer mal wieder unfreiwillig versetzt und müssen dann von Spezialschiffen – den **Tonnenlegern** – »eingefangen« und wieder auf ihre wichtige Position zur Markierung der Fahrrinne gesetzt werden.

Arbeitsriese auf dem Wasser: der Tonnenleger Nordergründe

Tonnenschwer – dieses Wort bekommt beim Wasser- und Schifffahrtsamt Bremerhaven (WSA) eine völlig neue Bedeutung. Das Bundesamt sorgt dafür, dass der Schiffsverkehr auf der Weser reibungslos läuft – auch im Dunkeln. Und damit den Kapitänen der vielen Frachter und sonstigen Schiffe im wahrsten Sinne des Wortes ein Licht aufgeht, kümmert sich das WSA mit großem Aufwand und Einsatz um die Markierungen der Fahrrinne in der Weser. Denn eines braucht die Schifffahrt trotz aller Technik immer noch: **Leuchttonnen** – die Minileuchttürme der Moderne.

Die Nordergründe liegt an der Kaje des WSA in der Geeste. Von hier aus ist es nur ein Katzensprung zum eigentlichen Arbeitsplatz des beeindruckenden schwarz-weißen Schiffes auf der Weser. Die 43 Meter lange Nordergründe ist ein **Tonnenleger** und als aktueller Schiffsneubau in der Flotte des WSA ein wahres Multitalent.

»Wir haben für die 15 Millionen Euro Baukosten einiges bekommen«, sagt Kapitän Kai Weers. Er steht mit der dampfenden Kaffeetasse auf der **Schiffsbrücke** und genießt den Blick über den morgendlichen Geestevorhafen im herbstlichen Sonnenschein. Erst seit November 2012 ist das Schiff im Dienst und hat aufgrund seiner Ausstattung gleich drei Vorgängerschiffe abgelöst, die aus Altersgründen ausgemustert wurden. »Unter anderem kann die Nordergründe zur Brandbekämpfung auf See eingesetzt werden. Dafür haben wir zwei große Löschkanonen an Bord. Die Pumpleistung: 10.000 Liter Seewasser pro Minute«, erklärt der Kapitän nicht ohne Stolz und zwinkert. »Würde auf der Weser mal ein Segelschiff brennen, müssten wir uns überlegen, ob wir die Dinger überhaupt anwerfen können. Bei 10 Tonnen Wasser pro Minute von oben wird so ein Freizeit-Boot schnell mal zum U-Boot, und das ist ja auch nicht im Sinne des Erfinders.«

Im Mai 2015, als an der Bremerhavener **Containerkaje** aus dem Frachtraum eines 300 Meter langen Containerfrachters Flammen schlugen, gab es aber kein Zögern. Hier war die Nordergründe wesentlich an der erfolgreichen Brandbekämpfung beteiligt. »Bei extremer Rauchentwicklung oder auch giftigen Dämpfen kann sogar die Brücke des Schiffes hermetisch abgeriegelt und mit Atemluft versorgt werden. Damit sind wir dann völlig autark«, erklärt Kapitän Weers.

Die Hauptaufgabe des Schiffs aber ist die Sicherung des **Fahrwassers** in der Weser durch die Instandhaltung der **Tonnen** – also dem Bereich, der als Wasserstraße tief genug für

Voller Einsatz: der Tonnenleger Nordergründe.

Präzisionsarbeit und Fingerspitzengefühl: Der Schiffskran der Nordergründe wird per Fernbedienung gesteuert.

die Schifffahrt ist. Immerhin ist die Weser ein gewundener Fluss mit Ebbe und Flut, Sandbänken und Flachwasserzonen. Mehr als 450 der schwimmenden Seezeichen gibt es zwischen Bremen und der **Außenweser** – unbeleuchtete und beleuchtete, von knapp 5 Meter bis zu fast 12 Meter Höhe. Die Nordergründe holt die Tonnen mit dem beeindruckenden Kran am Heck des Schiffes aus dem Wasser, sodass sie überprüft werden können, setzt gegebenenfalls Ersatz-Tonnen ein und bringt auch alte Tonnen zur Wartung zum Tonnenhof des WSA nach Bremerhaven.

Was sich anhört wie ein Kinderspiel, braucht aber jede Menge Erfahrung und vor allem Fingerspitzengefühl. »Wenn wir eine Tonne aus dem Wasser heben, muss ich vor allem darauf achten, dass auf dem Heck des Schiffes niemand steht. Die Tonne kann am Kran schon mal ins Pendeln kommen und dann sind im Extremfall 6.500 Kilogramm in Bewegung. Da möchte niemand im Weg stehen«, schildert Kranführer Martin Kreitz. Er steht am Geländer einer kleinen, erhöhten Arbeitsplattform und hat so den Überblick von oben, während er den Ausleger des gelben Krans mit dem rechteckigen mobilen Funkpult in seinen Händen über einige Druckknöpfe bedient. Die Tonne schwenkt am Haken des Krans hängend über das Schiff, wird abgesenkt und landet wohlbehalten auf der holzgedeckten Arbeitsfläche.

»Holz ist immer noch am besten, um das Metall zu schonen – sowohl das der Tonne als auch das des Schiffes«, sagt Kreitz. Denn bearbeitet werden müssen die Tonnen aus dem Fahrwasser oft schon gleich an Bord. »Wir holen die Tonnen so alle fünf, sechs Jahre aus dem Wasser. Da hängen dann schon eine Menge Besucher mit an der Kette und dem Fuß der Boje: Miesmuscheln zum Beispiel«, erklärt er. »Zwischen 1.000 und 1.500 Kilogramm können das schon mal sein. Die werden dann mit Hochdruckstrahlern gelöst.« Und landen wo? »Im Wasser.« Warum die Muscheln stattdessen nicht im Kochtopf in der Kombüse landen? Das ist bisher nicht geklärt.

Sehr leicht klären lässt sich hingegen, welche Schiffe aber beispielsweise auch mal Fahrwassertonnen rammen und beschädigen. »Wir haben ja in Bremerhaven beim WSA auch die Revierzentrale, die per Radar den Schiffsverkehr auf der Weser überwacht und genau weiß, welches Schiff wann wo gewesen ist«, so Kapitän Weers, der plötzlich lachen muss. »Wir hatten allerdings auch schon Kunden, die uns das Ganze sehr einfach gemacht haben. Ein Fischkutter hatte mal eine Tonne überfahren und dabei die Kette der Tonne unglücklicherweise in seine Ruderanlage gewickelt. Was sollte der arme Kerl anderes tun, als die Tonne den ganzen Weg hinter sich herzuziehen und direkt zum Tonnenhof nach Bremerhaven zu fahren? Das war wie ein guter Lieferservice und wir mussten nicht mehr zu der beschädigten Tonne rausfahren.«

Herr über 43 Meter geballte Schiffskraft: Kapitän Kai Weers auf der Brücke der Nordergründe.

Verantwortlicher Kranführer: Martin Kreitz.

Beeindruckendes Arbeitsgerät: der Schiffskran auf dem Tonnenleger Nordergründe.

Ist verantwortlich für den Tonnenhof beim WSA: Karsten Krebs.

Deutlicher Schiffskontakt: eine Fahrwassertonne mit Kollisionsspuren.

Beliebter Sammel- und Siedlungsplatz für Miesmuscheln: die Unterseite von Seezeichen.

Der Tonnenhof des Wasser- und Schifffahrtsamtes

Auch ein Seezeichen braucht mal Pause – ganz besonders dann, wenn die sogenannte **Tonne** zwischen fünf und sechs Jahre im Wasser der Weser verbracht hat. Ebbe und Flut zerren an der Befestigungskette, der Ankerstein hat die Tonne jahrein, jahraus wacker auf Position gehalten. Die metallene Außenhülle ist unter der Wasserlinie über und über mit Muscheln besetzt und wenn es hart auf hart kommt, hat das Seezeichen auch schon mal die verbeulte Bekanntschaft mit dem stählernen **Bug** eines Schiffes gemacht. Zeit für den Tonnenhof des Wasser- und Schifffahrtsamtes (WSA) an der Geeste in Bremerhaven.

Auf der großen asphaltierten Freifläche direkt hinter dem Radarturm an der Geeste sieht es aus wie in einem Spielwarengeschäft für Riesen. Dicht an dicht liegen hier unterschiedliche Tonnen in knalligen Farben: gelbe, grüne, rote, mit schwarzen Flächen am schmalen Kopf, mit Solarzellen ganz oben an der Spitze, mit grauer Grundierung in der Warteschleife für den nächsten Anstrich. Die größten davon – mit Laterne und Solarenergieanlage zur Stromversorgung am Kopf – sind gut 12 Meter lang und haben an der dicksten Stelle einen Durchmesser von 2,6 Meter.

Karsten Krebs ist der Herr des Tonnenhofes. Er weiß ganz genau, welche der insgesamt rund 700 Tonnen – von denen etwa 200 **Leuchttonnen** sind – gerade zur Reparatur oder Wartung angekommen ist, welche auf den Einsatz im Fluss wartet oder auch als Reserve geduldig bei Wind, und Wetter einfach nur auf dem Tonnenhof liegt.

»Wir kümmern uns hier um die Tonnen und sorgen dadurch dafür, dass sie möglichst erhalten und im Einsatz bleiben. Im Schnitt kann so eine Tonne gut und gern mehrere Jahrzehnte ihre Funktion erfüllen: die Sicherung und Markierung des Fahrwassers für die Schifffahrt auf der Weser«, erzählt er.

Dabei hat jede Tonnenart ihren ganz eigenen Zweck. »Es gibt kleinere Tonnen, die zum Beispiel sogenannte Untiefen markieren – Sandbänke beispielsweise, auf die Schiffe sonst auflaufen würden oder auch Stellen, an denen schon Schiffswracks liegen«, zählt Karsten Krebs auf, während wir über den Tonnenhof gehen. »Die großen Leuchttonnen wiederum markieren das Fahrwasser – also den Bereich der Weser, wo Schiffe aufgrund der vorhandenen Wassertiefe problemlos unterwegs sein können.«

Vielfältig und farbig: die Seezeichen-Köpfe.

Tonnentyp: Leuchttonne
Nr.: 4

Arbeitsbezeichnung:	**RVM**
Ident-Nr.:	23, 24, 26, 27, 28
Arbeitsbezeichnung:	**RVM** ***SOL / WSA***
Ident-Nr.:	21. 22. 25

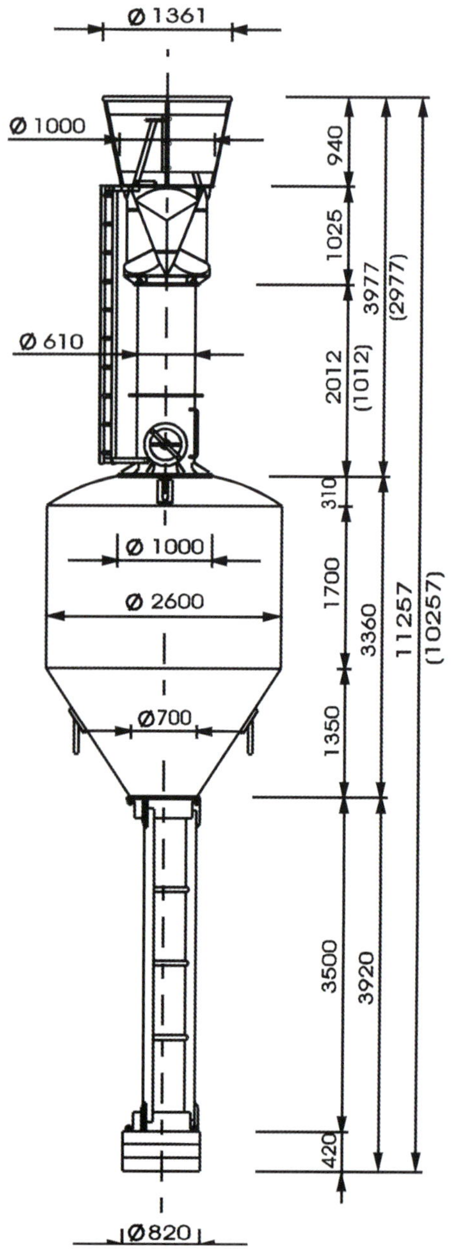

Betrieben wurden die Leuchttonnen in früheren Zeiten mit Gas. Heute gibt es dafür die Solarenergie. Die Solarzellen sitzen am Kopf der großen Stahlkonstruktion, die ein bisschen aussieht wie ein überdimensionierter Knallbonbon mit zu langen Enden oben und unten.

»Wir sandstrahlen die Tonnen, bessern Beulen in der Außenhaut aus, überprüfen die Ketten für die Befestigung an den Ankersteinen, grundieren die Tonnen mit einem zweifachen grauen Anstrich, streichen sie danach noch zweimal in der benötigten Farbe an – dann sind sie wieder bereit für den Einsatz auf der Weser«, erzählt Krebs.

»Wir haben von Bremen bis rein in die Außenweser rund 450 Fahrwasserzeichen im Einsatz. Etwa 250 Tonnen halten wir als Reserve oder als Ersatz hier auf dem Tonnenhof vor«, sagt der Herr des Tonnenhofes.

Wie viel das in Euro wäre, hat er bisher nicht ausgerechnet. »Wäre auch schwer. Die kosten alle unterschiedlich – je nach Bauweise. Aber die teuersten und größten kosten pro Stück bis zu 25.000 Euro inklusive Solarzellen und Laterne.« Eine Summe, für die sich der Wartungsaufwand auf dem Tonnenhof lohnt.

Unterfeuer Sandstedt

Geglückte Ankunft: das Unterfeuer Sandstedt kommt am DSM an.

Historischer Blickfang am Schiffahrtsmuseum

Das **Unterfeuer** Sandstedt stellt eine Besonderheit unter den **Leuchtfeuern** dar. Es hat die **Richtfeuerlinie** verlassen und steht inzwischen rund 20 Kilometer von seiner ursprünglichen Position entfernt. Des Rätsels Lösung: Das 1938 gebaute Leuchtfeuer steht nicht etwa auf einer wandernden Sandbank, sondern wurde schlichtweg versetzt. Als die Richtfeuerlinie bei Sandstedt an der Weser 1981 erneuert wurde, gab es keine Verwendung mehr für die alten Leuchtfeuer. Das gut 20 Meter hohe Unterfeuer wurde kurzerhand demontiert und am Deutschen Schiffahrtsmuseum in Bremerhaven (DSM) wieder aufgebaut. Heutzutage ist es mit seiner runden Plattform, der weißen Außenhaut und dem grünen Kupferdach ein schöner Blickfang am südlichen Zugang zum DSM. Das alte **Oberfeuer** Sandstedt steht noch an seinem ursprünglichen Ort – 20 Kilometer entfernt.

Feuerschiff

ELBE 3

Auch wenn sie kein festes Bauwerk sind: **Feuerschiffe** sind dennoch Leuchttürme – nur die schwimmende Variante. Überall dort, wo das Wasser zu tief für den Bau eines notwendigen Leuchtturmes ist oder der Bau zu teuer wäre, wurden und werden Feuerschiffe verankert. Heutzutage geschieht das allerdings nur noch selten und wenn, dann unbemannt. In früheren Zeiten jedoch lebten Besatzungen auf den meist signalroten Feuerschiffen und sorgten dafür, dass die anderen Schiffe jederzeit ihren sicheren Weg fanden – auch bei Wind, Wetter und in dunkelster Sturmnacht.

»Leuchttürme sind für mich auf der einen Seite natürlich mein Arbeitsplatz, auf der anderen Seite aber auch wunderschöne Bauwerke, die hier zur Küste gehören wie Ebbe und Flut.«

Norbert Hering

Energieanlagenelektroniker beim Wasser- und Schifffahrtsamt Bremerhaven

Dieser Einsatz war nicht ungefährlich – wegen der anderen Schiffe und auch wegen der tobenden See im Herbst und Winter. So kam es am 27. Oktober 1936 auf der Elbe zum weltweit schwersten Unglück in der Geschichte der Feuerschiffe. Von einer riesigen Welle während eines Orkans getroffen, kenterte das Feuerschiff Bürgermeister O'Swald I. Alle 15 Besatzungsmitglieder starben. Das Schiff versank im weichen **Mahlsand** und liegt dort bis heute.

Das Nachfolgeschiff Bürgermeister O'Swald II ist mit einer Länge von 57,3 Meter das größte Feuerschiff der Welt, wurde erst 1988 außer Dienst gestellt und liegt heute als fahrtüchtiges Museumsschiff in Cuxhaven. Glücklicherweise hat es nicht dasselbe Schicksal wie sein Vorgänger erlitten – aber trotzdem einen erstaunlichen Rekord aufgestellt: In seinen mehr als 40 Dienstjahren wurde die Bürgermeister O'Swald II von mehr als 50 Schiffen gerammt und ist damit das am häufigsten gerammte Feuerschiff Europas.

Mit der Elbe 3 liegt im Deutschen Schiffahrtsmuseum (DSM) ein ungewöhnlicher Zeuge der großen Zeit der Feuerschiffe. Im Jahr 1909 als reines Segelschiff ohne Hilfsmaschine gebaut, war es bis 1967 im Dienst. Die Inneneinrichtung des 44 Meter langen Dreimasters ist noch original aus dem Baujahr erhalten. Ein weiteres Schmuckstück ist die Laterne des Feuerschiffes Fehmarnbelt im Außenbereich des DSM. Der 1904 gebaute Dreimastschoner wurde nach Außerdienststellung im Jahr 1968 in Bremerhaven abgewrackt. Die Laterne mit dem Mastoberteil am DSM ist das einzig verbliebene Teil des Feuerschiffes.

Zwiebelturm Seebäderkaje

Hat den Panoramablick auf die Weser: der Zwiebelturm an der Seebäderkaje.

Gertenschlanke Landmarke im Ringel-Look

Wer auch immer sich den Namen für das **Leuchtfeuer** auf der Seebäderkaje ausgedacht hat: Er muss hungrig gewesen sein. Der rot-weiß markierte Turm mit der schlanken Form und der Kugel an der Spitze wird aufgrund dieser Form eigentlich als »Minarett« bezeichnet. In Anlehnung an die weit verbreitete Kleingarten-Kultur in der Seestadt war jedoch schnell ein weiterer Name für das 1893 errichtete Leuchtfeuer gefunden: Zwiebelturm – wahrscheinlich wegen der Kugel am Kopf und der daraus hervorragenden Spitze als Abschluss.

Zusammen mit dem benachbarten Loschenturm bildet der Zwiebelturm die **Richtfeuerlinie** Bremerhaven und leitet die **weseraufwärts** fahrenden Schiffe sicher durch das **Fahrwasser**. Der Zwiebelturm ist dabei das **Unterfeuer** und der höhere Loschenturm das sogenannte **Oberfeuer**. Stehen ihre Lichter vom Fahrwasser aus gesehen in einer Linie, wissen die Kapitäne und Lotsen, dass sie in der ausreichend tiefen Fahrrinne und auf Kurs sind.

Weites Land: die heutige Seebäderkaje um 1900.

Kreuzliner trifft Seezeichen: seit Generationen ein vertrautes Bild am Zwiebelturm.

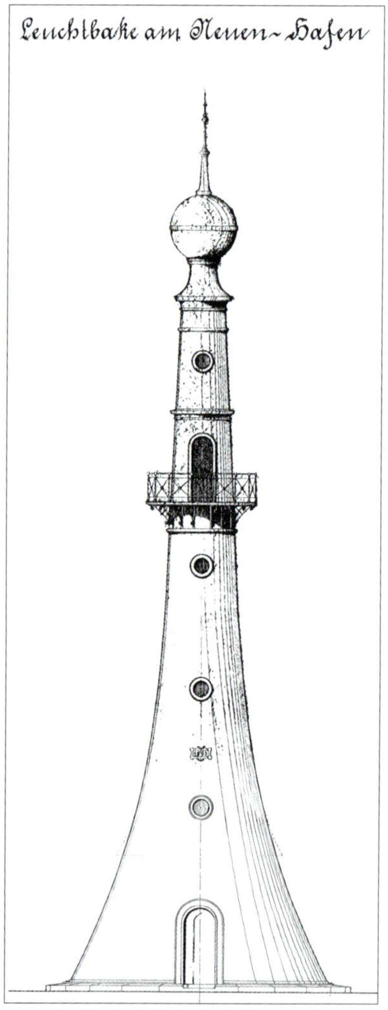

Eigenwilliges Design: der Entwurf des Zwiebelturms.

Loschenturm

Beeindruckender Baustil: der Kopf des Loschenturms.

Auch nach mehr als 150 Jahren beständige Größe am Neuen Hafen: der Loschenturm.

Technische Daten und Geschichte

Er ist einer der schönsten und gleichzeitig bekanntesten Leuchttürme an der deutschen Nordseeküste: der Simon-Loschen-Turm am Neuen Hafen in Bremerhaven. Ob die Einwohner nur etwas mundfaul sind oder ihnen einfach die kürzere Form besser gefällt – im Volksmund heißt der schicke Backsteinturm schlicht »Loschenturm«. Seit 1856 weist er den Schiffen auf der Weser den Weg und ist damit der dienstälteste noch in Betrieb befindliche Festland-Leuchtturm an der Nordseeküste. Erbaut wurde der rund 40 Meter hohe Turm vom Bremer Architekten Simon Loschen. Zusammen mit dem Licht des Zwiebelturms am Zoo am Meer bildet er die **weseraufwärts** scheinende **Richtfeuerlinie** zur Orientierung für die Schifffahrt. Seit 1984 steht der Loschenturm unter Denkmalschutz.

Symbol für die aufstrebende Hafenstadt Bremerhaven: der Loschenturm um 1910.

Als Einheit vor der Zerstörung durch Bomben im Zweiten Weltkrieg: die damalige Schleuse und der zum Glück erhaltene Leuchtturm.

Fasziniert schon im Entwurf durch seinen Baustil und die feinen Details der Backsteingotik: der Loschenturm.

Pingelturm Kaiserschleuse

Technische Daten und Geschichte

»Leuchtfeuer Kaiserschleuse Ost« ist die offizielle Bezeichnung für den kleinen Leuchtturm an der Einfahrt zur **Kaiserschleuse**. Den Bremerhavenern war das als Name allerdings etwas zu nüchtern für den malerischen, rund 15 Meter hohen Backsteinturm mit den vielen Verzierungen. Die Suche nach einem Kosenamen war nicht schwer: Der Turm aus dem Jahr 1900 ist mit einer Glocke versehen, die bei Nebel alle zehn Sekunden einen weithin hörbaren Ton von sich gibt. Schon war der Name gefunden: **Pingelturm**. Der kleine Leuchtturm an der Kaiserschleuse wurde nicht nur zu einem der Lieblingsleuchttürme der Region, sondern auch zu einem beliebten Ausflugsziel. Fast schon traditionell lassen sich im Sommer viele Menschen in seiner Nähe zum Sonnen nieder. Und seit dem Ausbau der Kaiserschleuse im Jahr 2011 ist rund um den Turm auch ein kleiner Platz mit Sitzgelegenheiten vorhanden. Seit 1984 steht der Pingelturm unter Denkmalschutz.

Schlägt auch heute noch verlässlich bei Nebel: die Pingelturm-Glocke.

Ein kleines Gemälde und Kunstwerk für sich: die Bauzeichnung für den Pingelturm.

Alte Weser

Leuchtstark und beeindruckend: die Lampen von Leuchttürmen.

Auch für Segler ein Orientierungspunkt: der Leuchtturm Alte Weser.

Technische Daten und Geschichte

Man könnte den Leuchtturm Alte Weser auch als den Erben des Leuchtturmes Roter Sand bezeichnen. Als dessen Nachfolger wurde der 40 Meter hohe Turm am 1. September 1964 mitten in der **Außenweser** in Betrieb genommen. Der Leuchtturm Roter Sand war zu dem Zeitpunkt bereits stark durch Korrosion und Schäden am Betonfundament beeinträchtigt. Durch die Ausstattung mit einer Radaranlage und Richtfunkantennen ist Alte Weser ein Teil der **Radarkette** Außenweser. Als einer der neueren Leuchttürme bietet der rot-weiße Turm mit dem mächtigen Kopfaufsatz neben reichlich Technik auch Komfort. Eine moderne Küche und Aufenthaltsraum mit Fernsehgerät sowie Schlafmöglichkeiten für mehrere Personen sind vorhanden.

Mayleen Gräf
Studentin

»Ich verbinde mit Leuchttürmen immer ein Stück Heimat, da ich aus Bremerhaven komme. Sie gehören für mich einfach zum Bild der Küste dazu.«

... und das trifft auf den Leuchtturm Alte Weser allemal zu. Als maritimes Bollwerk aus Stahlbeton und Stahl trotzt er seit 1964 Wind, Wellen und dem ungestümen Meer weit draußen in der **Außenweser**. Gut 50 Kilometer Luftlinie ist der Turm von Bremerhaven entfernt und wurde – ähnlich wie der Leuchtturm Roter Sand – in »Offshore-Bauweise« auf einem Fundament gebaut, das auf dem Meeresgrund in 11 Metern Tiefe ruht.

Dass der Turm heutzutage überhaupt an seinem jetzigen Standort steht, ist ein klarer Beweis für die Dickköpfigkeit der Küstenbewohner – aber auch für ihr Durchhaltevermögen. Denn bevor Alte Weser nach mehr als dreijähriger Bauzeit den Betrieb aufnehmen konnte, mussten zwei der Bauversuche weit draußen auf dem Meer abgebrochen werden.

Durchaus tragisch verlief der erste Versuch. Bis heute weiß niemand, wie es zu dem Unfall kommen konnte, doch während der Bauarbeiten drang plötzlich massiv Wasser in den Turmschaft ein, der bereits auf den Meeresboden abgesenkt worden war. Zwei Arbeiter kamen dabei ums Leben. Der untere Teil des Turmschaftes musste aufgegeben werden. Er steckt heute noch tief im Sand.

Beim zweiten Versuch versagte eines der Beine der **Hubinsel** für den Bau des Turmes. Die gesamte Plattform stand schief im Meer und musste abtransportiert werden. Erst beim dritten Versuch gelang es endlich, nach und nach den Turmschaft fertigzustellen und die vorgefertigten Stahl-Obergeschosse von der Hubinsel aus auf den Stahlschaft aufzusetzen.

Bis 1972 versahen auf dem Turm Alte Weser noch Leuchtturmwärter ihren Dienst. Als der Turm dann an die Fernüberwachung von Land angeschlossen wurde, gab es für sie dort nichts mehr zu tun. Die letzte vierköpfige Mannschaft wurde abgezogen – aber der Leuchtturm ist bis heute als Leitfeuer für die Schifffahrt in Funktion.

Aufwendiges Bauprojekt Anfang der 1960er Jahre mitten im Meer: der Turmschaft Alte Weser.

Musste wegen eines technischen Defektes und Schieflage ausgetauscht werden: die Hubinsel für den Bau des Leuchtturms .

Großzügig und komfortabel: die Innenräume auf dem Turm Alte Weser.

Leuchtturmwärter wider Willen – nur Fliegen ist schöner

Viele Menschen träumen davon, einmal auf einem Leuchtturm zu übernachten. Für Norbert Hering hat sich das erfüllt – und wurde zu einem Albtraum. Der Mitarbeiter des Wasser- und Schifffahrtsamtes Bremerhaven (WSA) war zu Routinearbeiten mit einigen Kollegen auf dem Leuchtturm Alte Weser, als der Turm für sie plötzlich zur Falle und die Situation bedrohlich wurde.

»Wir waren ganz guter Dinge und hatten unsere Arbeiten auf dem Turm so gut wie erledigt«, erinnert sich der 58-Jährige noch heute ganz genau. Die Elektrik überprüfen, Kabel austauschen, elektronische Geräte warten – für die eingespielte Truppe langjähriger Kollegen eigentlich ein Standard-Auftrag und auch eine schöne Abwechslung im Arbeitsalltag. Immerhin war die Arbeit auf dem weit draußen in der Weser gelegenen Leuchtturm meistens mit mindestens einer Übernachtung auf dem komfortablen Turm verbunden – und das hatte immer ein bisschen was von Klassenfahrt.

»Wir haben zusammen gekocht, Karten gespielt, den fantastischen Blick über das weite Meer und die Ruhe genossen – das ist immer toll. Aber dann kam plötzlich die Sturmwarnung über Funk. Das Wetter ist unglaublich schnell umgeschlagen«, erzählt der Energieanlagenelektroniker. Der Wind frischt auf. Mächtige graue Wolken ziehen auf. Schließlich wühlen heftige Sturmböen das dunkle Wasser rund um den Leuchtturm auf. Wellenhöhe: 2 Meter und wachsend. Auch der Zentrale in Bremerhaven ist klar, was sich da zusammenbraut. Der **Tonnenleger** Bruno Illing fährt aus dem sicheren Hafen raus zum Leuchtturm. Norbert Hering und seine fünf Kollegen stehen unterdessen an den schmalen Fenstern des Turmes und beobachten besorgt den Himmel und das Meer.

Als die Bruno Illing endlich ankommt, ist es zu spät. Wellenhöhe: 3 bis 4 Meter, Windstärke in Böen 8 bis 9. Keine Chance, am Turm anzulegen und die Männer vom Turm zu holen. Das rettende Schiff muss abdrehen und zurück nach Bremerhaven fahren. Die Männer sind allein auf dem Leuchtturm und richten sich auf eine lange, sturmumtoste Nacht ein. »Tatsächlich hätte uns das überhaupt nichts ausgemacht. Wir waren schon öfter mal mehrere Tage auf dem Turm«, sagt Norbert Hering. »Mit genügend Vorräten ist das kein Problem.« Doch dann der Schreck: Als die Männer in den Schränken nachsehen, starrt ihnen gähnende Leere entgegen. Immerhin war ihr Aufenthalt hier nicht geplant, und außer ein paar Restbeständen ist nichts zu essen da. Und noch viel schlimmer: »Wir hatten kein Trinkwasser mehr«, erinnert sich Norbert Hering.

Als die Männer am nächsten Morgen in aller Frühe aufstehen, haben sie fast kein Auge zugemacht. Der heftige

Sturm aus Nordwest hat noch zugenommen und die gesamte Nacht donnernd am Turm gerüttelt. Das Tageslicht dringt nicht durch den tiefgrauen Wolkenhimmel. Rundherum wogt meterhoch das aufgewühlte Meer. Die weiße Gischt wird von den Windböen mit Macht zur Seite gerissen. »Uns war sofort klar, dass jetzt irgendwas passieren muss«, sagt Norbert Hering. »Ohne Trinkwasser konnten wir nicht auf dem Turm bleiben und die Sturmfront baute sich nun erst richtig auf.«

Eine absolute Notsituation. Eine kurze Funkkonferenz mit der Zentrale des WSA in Bremerhaven – dann wird blitzschnell eine Entscheidung gefällt: Die Seenotrettung der Marine wird alarmiert. In Mariensiel bei Wilhelmshaven steigt trotz des Sturms ein Hubschrauber auf. Die »gefangenen« Männer auf dem Leuchtturm Alte Weser sollen sich fertig machen, so die Anweisung über das Funkgerät aus der WSA-Zentrale. Der Plan: Vom Dach des Leuchtturms sollen die Männer per Seilwinde vom Hubschrauber gerettet werden.

»Das weiß ich noch wie heute«, erzählt Norbert Hering. »Als die Nachricht kam, sind einige von uns aber reichlich blass geworden.« Wen wundert es – bei Windstärke 10 mitten auf dem Meer an einem Seil hängend gut 15 Meter in die Höhe zu einem wartenden Hubschrauber gezogen zu werden, überlässt man schließlich sonst eher dem Hauptdarsteller in einem Agentenfilm.

Dann ist es soweit: Die Männer müssen nach draußen auf die höchste Außenebene des Leuchtturmes gehen. Die Windböen drücken sie fast von der Plattform. Regen peitscht ihnen ins Gesicht. Der Hubschrauber ist im Anflug und geht dröhnend über ihren Köpfen in Position. Die Seitentür öffnet sich. Die Seilwinde wird ausgeschwenkt und das Seil mit der Sicherungsweste fährt herunter.

»Keiner von uns wollte der erste sein, und ein Kollege wollte überhaupt nicht hoch. Der hatte einfach Panik. Wir mussten ihn mit vereinten Kräften überreden – dann hat er schließlich seinen ganzen Mut zusammengenommen und sich hochziehen lassen«, schildert Norbert Hering. Keine 20 Minuten später landet der Marinehubschrauber auf dem Flughafen Mariensiel. Norbert Hering und seine Kollegen steigen erleichtert und unversehrt aus der Maschine. Noch vom Flughafen aus ruft er seine Familie an: »Die hatten ja mitbekommen, dass wir auf dem Turm festsitzen und kannten auch die Wetterlage. Da waren alle erleichtert, dass wir endlich festen Boden unter den Füßen hatten – und ich hätte nie gedacht, dass ich mal so etwas auf einem Leuchtturm erleben würde.«

Wurde zum Leuchtturmwärter wider Willen: Der Techniker Norbert Hering wurde gemeinsam mit Kollegen von schlechtem Wetter auf dem Leuchtturm Alte Weser eingeschlossen und geriet in eine bedrohliche Lage.

Das sogenannte »Auskorben«: Per Korb und Seilwinde werden Material und Menschen auf den Leuchtturm gebracht.

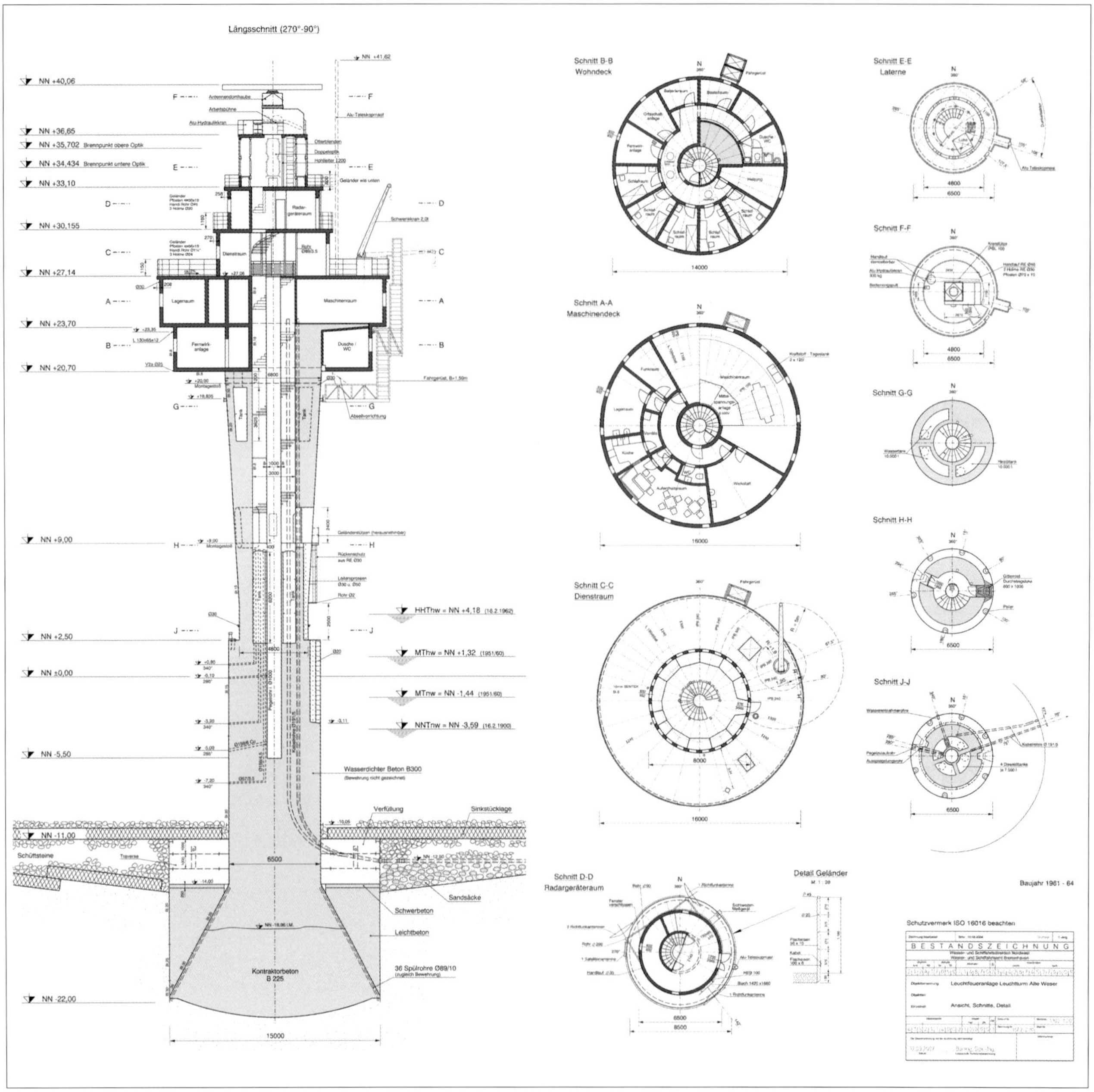

Aufwendiger Bau mit Detailarbeit: der Grundriss des Leuchtturmes Alte Weser.

Hohe Weg

Steht in Sichtweite des Bremerhavener Containerterminals: der Leuchtturm Hohe Weg.

Technische Daten und Geschichte

Beim Leuchtturm Hohe Weg ist der Name praktisch Programm: Der achteckige Turm steht bereits seit 1856 an einer erhöhten Stelle im Weserwatt, die zu früheren Zeiten auch bei Flut aus dem Wasser ragte. Heutzutage ist der Leuchtturm nur von Land umgeben, wenn das Watt bei Ebbe trockenfällt.

Gebaut ist der Turm aus roten Ziegelsteinen – wodurch er trotz seiner beachtlichen 36 Meter Höhe eine gewisse Behaglichkeit vermittelt. Kein Wunder also, dass bis zur Umstellung auf automatischen Betrieb im Jahr 1973 die Leuchtturmwärter sehr gern auf dem Hohe Weg ihren Dienst versahen – unter anderem deshalb, weil sie sich bei Ebbe draußen im Watt die Beine vertreten und in den **Prielen** nach Herzenslust frischen Fisch angeln konnten. Der Leuchtturm Hohe Weg ist heutzutage immer noch vollautomatisch in Betrieb und auch immer noch rot – allerdings wurden die mehr als 150 Jahre alten wetterempfindlichen Ziegelmauern in den 1990er Jahren von außen mit Aluminium-Platten verkleidet.

Emotional wurde es auch, als Jacobus van Ronzelen 1854 von der Stadt Bremen den Auftrag bekam, in der **Außenweser** einen Leuchtturm zu bauen. Die Sandbank Hohe Weg auf der weserabwärts gelegenen linken Seite des Flusses erschien ihm dafür als der perfekte Platz. Erfahrung in solchen Dingen hatte der gebürtige Niederländer genügend. Immerhin hatte er bereits zuvor den Alten und den Neuen Hafen in Bremerhaven gebaut. Was der Ingenieur nicht ahnte: In den Tiefen der alten Sandbank erwartete ihn eines der größten Rätsel seiner beruflichen Laufbahn.

Der Plan für den Bau des Leuchtturmes war ebenso ehrgeizig wie waghalsig. Immerhin waren die baulichen Möglichkeiten von den heutigen weit entfernt. Van Ronzelen war bewusst, dass er zunächst einen möglichst sicheren Untergrund im wetterbewegten Bereich der Außenweser finden musste. Seit Menschengedenken hatten die Sturm- und Flutgewalten hier oft unberechenbar Land und Leute weggerissen. Der Wasserbauingenieur fasste deshalb den Entschluss, mit einem Vermessungstrupp den Untergrund an der Sandbank Hohe Weg großräumig untersuchen zu lassen.

Mit langen Metallstangen durchforsteten die Männer bei Ebbe den möglichen Bauplatz auf der Sandbank. Auch van Ronzelen war mit dabei und stieß mit dem Peilstab tief in den Boden. Dann geschah das Unvorstellbare: Er traf auf steinharten Untergrund. Der Ingenieur war fassungslos und rief seine Mitarbeiter zu sich. Gemeinsam schritten sie über die große Sandbank und trieben ihre Metallstangen systematisch hinein.

»Leuchttürme haben als Seezeichen erst einmal etwas Technisches – und sie haben den Seemännern den sicheren Weg gewiesen. Sie haben aber auch etwas Emotionales: als erstes Zeichen der Heimat.«

Helmut Kuhlmann

Leuchtturmbesitzer und Segler

Eine Karte wurde angefertigt, auf der nach und nach wie von Geisterhand ein symmetrisches Bild entstand. Van Ronzelen spürte, dass hier etwas ganz Unglaubliches vor sich ging, und schrieb in seinem späteren Baubericht: »Bei näherer Untersuchung fühlte ich deutlich mit dem Peilstock Bruchstücke von Mauerwerk. Der Steuermann des zweiten Leuchtschiffes [...] sagt bestimmt aus, dass er von diesem Mauerwerk bereits Bruchstücke aufgefischt habe, welche aussahen wie reines Mauerwerk von Tufstein, und genau dasselbe Material ist, welches zu der Kirche von Blexen, die fast zu gleicher Zeit vom Bischoff Wilhardi um das Ende des achten Jahrhunderts erbaut ist, verwendet worden.«

Van Ronzelen wurde gepackt von einer Ahnung, dass er eine eigentlich unmögliche Entdeckung gemacht hatte. Er ging in Archive, wälzte Gemeinde- und Kirchenchroniken, forschte sogar in uralten Gedichten – denn was er an der Sandbank Hohe Weg gefunden zu haben glaubte, war seit Jahrhunderten vom Angesicht der Erde verschwunden.

Den Beweis dafür fand Jacobus van Ronzelen in einem Gedicht aus dem Jahr 1218, von dem

Bringt Material und Wartungspersonal auf den Leuchtturm: ein Tonnenleger.

Der Leuchtturm Hohe Weg um 1953.

er selber schreibt: »Die Verse sind nach der damaligen Reim-Art gar elend, aber meiner Suche dienlich.« Denn im Text wird eine katastrophale Sturmflut beschrieben, die Anfang des 13. Jahrhunderts das Landschaftsbild an der Weser über Nacht veränderte und dabei auch ein bedeutendes Bauwerk verschlang. Je länger van Ronzelen über den Versen brütete, desto klarer wurde alles. Am Ende legte er die Schriftrollen zur Seite, lehnte sich im Stuhl zurück und war sicher: Er hatte auf der Sandbank Hohe Weg die Fundamente des sagenumwobenen Schlosses Mellum entdeckt, das nach seiner Zerstörung im Reich der Legenden verschwunden war.

»Ich zweifle nicht daran, dass diese jetzt aufgefundene Steinmasse früher auf der Oberfläche des jetzigen Sandes, die später durch Wellenschlag und Sturmfluthen minirt ward und senkrecht versank, gestanden hat, da ich im vorigen Jahre bei dem Thurmbau selbst erfuhr, in wie kurzer Zeit das schnelle Aussschleifen des losen Treibsandes um das Fundament herum, einen sonst festen Bau in grösste Gefahr bringen kann.«

Jacobus van Ronzelen hatte diese Gefahr erkannt und den Leuchtturm Hohe Weg auf so sichere Fundamente gestellt, dass der Turm auch weit mehr als 150 Jahre nach seiner Indienststellung heute noch leuchtet und den Schiffen auf der Weser den sicheren Weg weist.

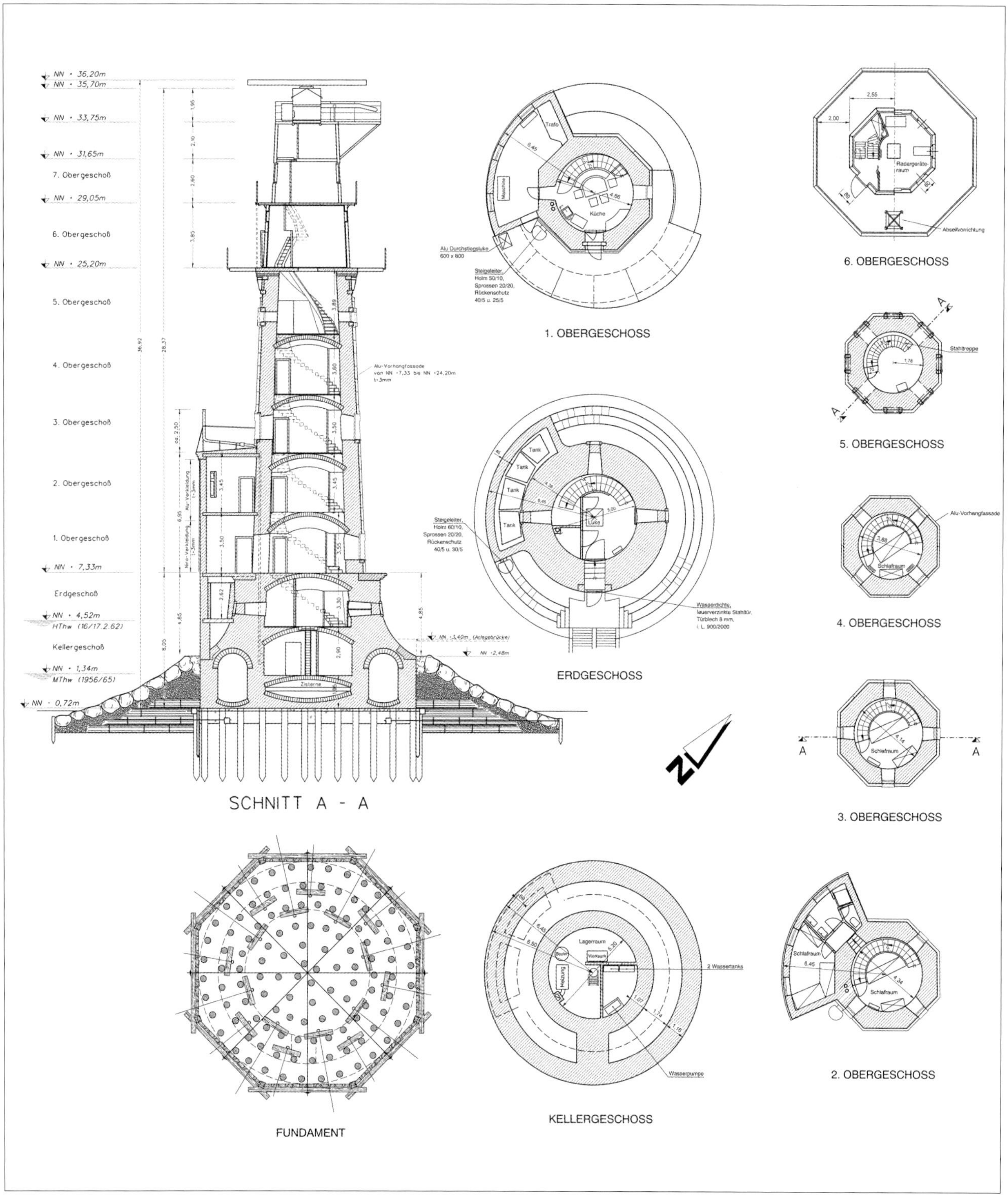

Durchdachtes Bauwerk: die Risszeichnung des Leuchtturms Hohe Weg.

Tegeler Plate

Einer der ersten vollautomatischen Leuchttürme: Tegeler Plate.

Technische Daten und Geschichte

Auch ohne rot-weiße Farbe macht ein Leuchtturm mitten im Meer einiges her – so wie hier auf dem Foto der Leuchtturm Tegeler Plate, direkt nach seiner Fertigstellung im Baujahr 1965. Errichtet als Ergänzung des Leuchtturms Alte Weser gehört er mit einer Schafthöhe von stolzen 46 Metern nicht gerade zu den kleinen Leuchttürmen. Allerdings sind 18 Meter davon verschwunden: tief eingespült in die Sandbank, um dem Turm einen sicheren Stand zu verschaffen. In Betrieb ist der Turm seit dem Jahr 1966 – von Beginn an ferngesteuert und ohne Mannschaft. Allerdings gibt es zumindest Notunterkünfte für ungeplante Übernachtungen von Wartungspersonal.

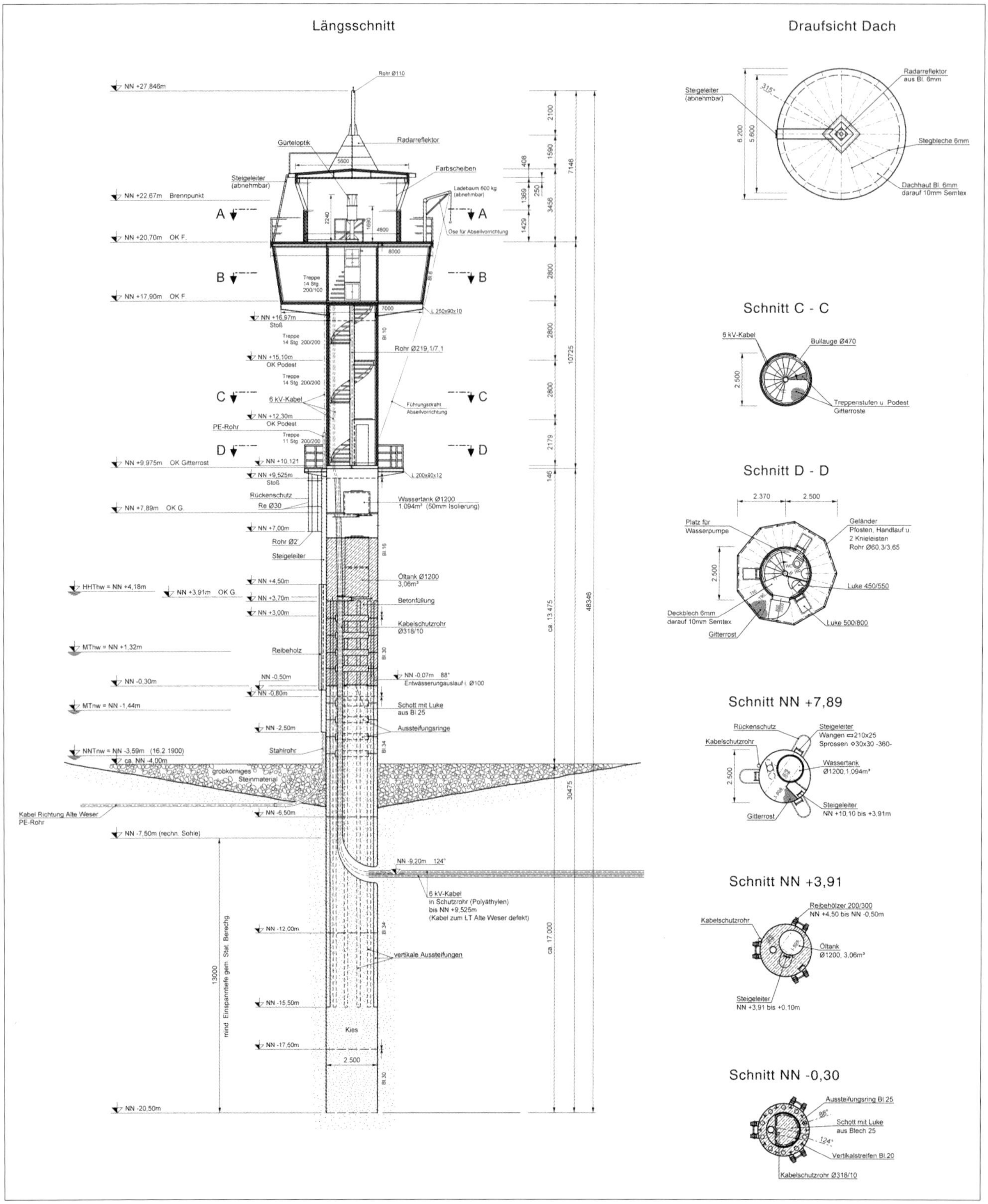

Aufwendig konstruiert für den Halt in der Sandbank: der Turm Tegeler Plate.

Robbenplate

Der Leuchtturm Robbenplate um 1925.

Technische Daten und Geschichte

Der Leuchtturm Robbenplate ist der erste »Recycling-Leuchtturm« an der deutschen Nordseeküste. Gebaut in den Jahren 1924/25, wurde dem Backsteinbau kurzerhand das Laternenhaus des abgeschalteten Leuchtturms Meyers Legde aufgesetzt. Der Hintergrund: Das **Fahrwasser** der Weser war künstlich durch Baggerarbeiten weiter nach Westen verlegt worden, und der alte Leuchtturm Meyers Legde wurde dadurch überflüssig – ersetzt durch den Leuchtturm Robbenplate. Mittlerweile ist der 39 Meter hohe Leuchtturm komplett automatisiert – bietet aber für Wartungstechniker mit einer Ausstattung, wie Telefon, Küche, Fernseher und Betten immer noch den Komfort wie zu den letzten Leuchtturmwärterzeiten. Die ursprüngliche Backsteinoptik – wie auf dem Foto zu sehen – ist inzwischen verschwunden. Der Turm wurde mit roten Aluminium-Platten verkleidet, um das Mauerwerk vor der rauen Nordsee-Witterung zu schützen.

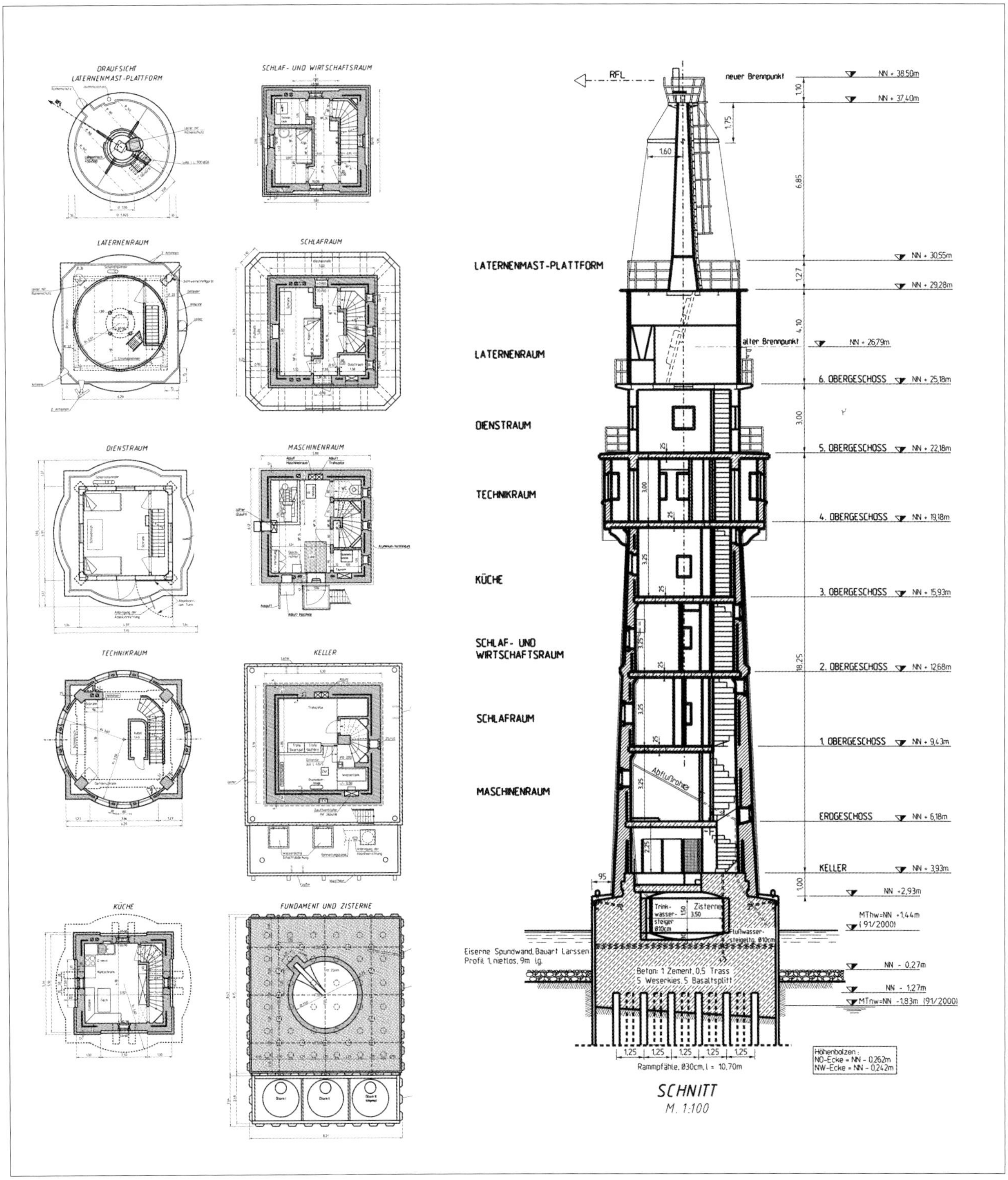

Zahlreiche Etagen und reichlich Platz: der Leuchtturm Robbenplate.

Kleiner Preuße

Ein Winzling unter den ganz Großen: der Leuchtturm Kleiner Preuße in Wremen.

Technische Daten und Geschichte

Mit einem ganz besonderen Bauwerk besaß das Fischerdorf Wremen auf der östlichen Weserseite bereits im Jahr 1908 ein Alleinstellungsmerkmal: Der nur 9,9 Meter hohe schwarz-weiß geringelte Leuchtturm war – und ist bis heute – der kleinste Leuchtturm an der deutschen Nordseeküste. Bis 1930 versah der Turm als sogenanntes **Quermarkenfeuer** seinen Dienst. Dann wurde er durch die Begradigung der Weser-Fahrrinne überflüssig. Er wurde abgebaut und bis 1952 als Oberteil eines neuen Leuchtturms in Imsum bei Bremerhaven genutzt. In Vergessenheit allerdings geriet der einzigartige Leuchtturm nie. Im Jahr 2005 wurde der Kleine Preuße als originalgetreuer Nachbau im Wremer **Vordeichgelände** wieder aufgestellt und ist seitdem eine Attraktion für Touristen und Hochzeitspaare – als offizielle Außenstelle des Standesamtes.

Passte mit seiner geringen Körpergröße zum Turm Kleiner Preuße wie der Deich zur Küste: Leuchtturmwärter Willi Roes – der »lüttje Willi«.

Kleiner Turm mit großer Geschichte

Es ist nicht genau überliefert, woher nun der Name »Kleiner Preuße« für den besonderen Leuchtturm am Wremer Kutterhafen kommt. Entweder bezieht er sich auf die mit 9,9 Meter Höhe geringe Größe und den schwarz-weißen Anstrich des Turms oder aber auf den ersten Leuchtturmwärter. Mit der Inbetriebnahme des Turmes im Jahr 1908 hatte das Fischerdorf auch gleich den passenden Mann dazu: Willi Roes, mit einer Körpergröße von gerade mal knapp 1,50 Meter wie geschaffen für den winzigen Leuchtturm. Der »lüttje Willi« (der kleine Willi), wie er genannt wurde, passte zum Turm wie ein Deckel auf den dazugehörigen Topf. In seiner schlichten schwarzen Arbeitsuniform mit Amtmann-Mütze und Schnurrbart sah er mächtig offiziell aus, wenn er oben am Geländer auf der Rundlauf-Plattform des »Kleinen Preußen« stand und auch sehr norddeutsch – ein Leuchtturmwärter eben, nur in klein.

Der schwarz-weiß geringelte Leuchtturm zog Besucher an, und auch Willi Roes hatte ihn in sein Herz geschlossen. »Mein kleiner Freund aus Licht und Eisen«, sagte er, wenn er über seinen Leuchtturm sprach, und diese Wärme brachte ihm auch die Sympathie der Besucher ein. Ebenso wie sein unverwechselbarer plattdeutscher Humor, mit dem er die – naturgemäß kurzen – Führungen auf dem Turm machte.

Aufwendig: der Transport des Turmnachbaus zu seinem heutigen Standort.

Romantisch: Auch Heiraten ist heutzutage im Leuchtturm Kleiner Preuße möglich.

Plattdeutsch war dabei die Amtssprache – nur mit dem Nachteil, dass bei Weitem nicht alle Gäste Platt sprachen. Wurde der »lüttje Willi« nun auf dem Leuchtturm in seinem lebendigen Vortrag abrupt mit den Worten unterbrochen, ob er denn nicht auch Hochdeutsch sprechen könne, schaltete er ohne mit der Wimper zu zucken auf Hochdeutsch um – sehr zur Freude des Publikums, das endlich verstand, worum es eigentlich ging. Auf die Nachfrage, was er denn nun an Honorar bekommen würde, sagte Willi Roes meist mit gönnerhaftem Gesichtsausdruck und weltmännischer Haltung: »Ach nein, also ein Honorar brauche ich wirklich nicht – aber ein bisschen Geld können Sie mir gern geben. Das macht dann fünf Mark für die plattdeutsche Version der Führung und noch mal fünf Mark für die hochdeutsche Version.« Was wiederum für Gelächter und gute Stimmung sorgte.

Nach dem Abriss des Leuchtturmes im Jahr 1930 wurde es dann auch um Willi Roes ruhiger, der aber als humorvolles Nordlicht noch 20 Jahre fröhlich »weiterleuchtete«, bis er im Alter von 74 Jahren friedlich starb. 2005 wurde der Kleine Preuße mit Hilfe von EU-Fördermitteln vom Wremer Heimatkreis als Nachbau wieder an den Wremer Deich gestellt. Und er hat auch wieder einen Leuchtturmwärter – der sich aber schon das eine oder andere Mal am Eingang zum Turm den Kopf gestoßen haben soll.

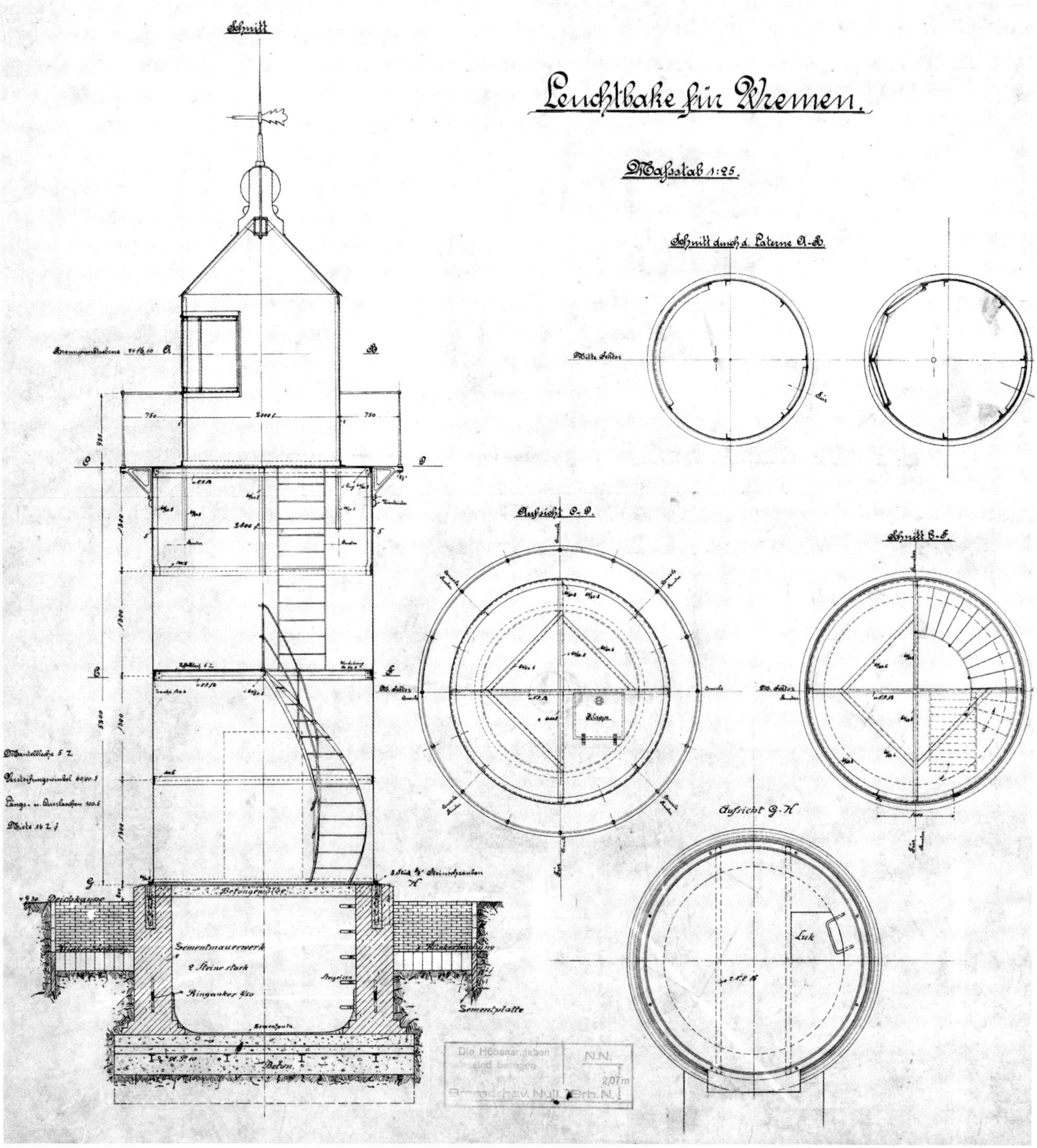

Kurze Wege, kurzer Turm: der Grundriss des »Kleinen Preußen«.

Eversand Oberfeuer

Schmückt als Landmarke die Dorumer Küste: das Oberfeuer Eversand.

Technische Daten und Geschichte

Eine »fresnelsche Gürtelleuchte mit katadioptrischem Reflektor« – wer das liest, kann sich ungefähr vorstellen, aus welcher Epoche das **Oberfeuer** Eversand stammt. Im Jahr 1887 war die Wahl der Leuchtmittel noch etwas umfangreicher und komplizierter als heutzutage. Mit seinem starken Licht wies das Oberfeuer Eversand von der gleichnamigen Sandbank den Schiffen in der Weser bis 1923 den Weg. Dann wurde das Weserfahrwasser verlegt und der 37 Meter hohe Leuchtturm stillgelegt. Dabei ist das Eversand Oberfeuer aber eher ein »Schummel-Riese«, denn der eigentliche, viereckige Leuchtturm steht auf einer 17 Meter hohen Plattform, die von Metallstelzen getragen wird. Heute findet man den ungewöhnlichen Leuchtturm als Touristen-Attraktion in Dorum-Neufeld an der Wurster Küste. Das Leuchtmittel: eine Fünf-Watt-Energiesparlampe, die von einer Fotozelle gespeist wird.

Wurde extra für den Turm gebaut: das Transportgerüst.

Ursprünglich weit draußen auf dem Meer: der frühere Standort des Oberfeuers Eversand.

Vom Seezeichen zum Wahrzeichen

Er hat eine bewegte Geschichte, der Leuchtturm Eversand. In den Jahren 1886/87 auf der Sandbank Eversand gebaut, gab er 36 Jahre lang auch in dunkelsten Sturmnächten den Schiffen auf der Weser mit seinem Licht ein sicheres Geleit– anfangs mit einer dreidochtigen Petroleumlaterne. Während der Schiffsverkehr auf dem Fluss mit den Jahrzehnten dichter wurde, passte sich auch der Leuchtturm in der Wahl der Leuchtmittel den modernen Zeiten an. Woran er sich nicht anpassen konnte, war die Verlegung der Weser-Fahrrinne in Richtung Westen. Bereits 1923 wurde der »Bilderbuch-Leuchtturm« mit der großen Wendeltreppe an der Außenseite außer Betrieb genommen.

Schutz bot das Eversand **Oberfeuer** aber dennoch weiterhin – nämlich mehr als 70 Jahre lang als **Rettungsbake**, hauptsächlich für Wattwanderer, die bei überraschender Flut auf dem Turm Zuflucht suchen konnten. Erst 1995 wurde der ehemalige Leuchtturm wegen Schäden an der Stelzenkonstruktion und der damit verbundenen Baufälligkeit endgültig stillgelegt.

Was aber sollte man mit dem Turm tun, der seit 1887 draußen auf dem Meer Wind und Wellen getrotzt hatte? Einfach abreißen? Für die geschichtsbewussten Küstenbewohner ein Ding der Unmöglichkeit. Die Lösung wurde mit Hilfe von vielen Beteiligten von der Verwaltung des Nationalparks Wattenmeer bis zur Hansestadt Bremen gefunden: Der Leuchtturm sollte versetzt werden, und zwar vor die Küste von Dorum-Neufeld. Doch leichter gesagt als getan – was, wenn die mehr als 100 Jahre alte Stahlkonstruktion beim Transportversuch einfach zusammenbrechen würde?

In einer aufwendigen Aktion wurde der gesamte Turm von einem **Schwimmkran** angehoben, mit Stahlseilen und einem Stahlkorsett auf einem Schwimmponton fixiert, im Seeschnecken-Tempo nach Dorum-Neufeld geschleppt und hier ans Ende einer neuen Seebrücke gestellt. Kostenpunkt: rund 1,8 Millionen Euro.

Heute markiert das Eversand Oberfeuer auch Dank des örtlichen Fördervereins malerisch die Hafenzufahrt, ist die optische Attraktion am Eingang zum Nationalpark Wattenmeer und vor allem eines: immer noch da.

Eversand Unterfeuer

Heute Brutplatz für Kormorane: das Unterfeuer Eversand.

Technische Daten und Geschichte

Der Leuchtturm Eversand **Unterfeuer** ist so etwas wie der »kleine Bruder« des Eversand **Oberfeuers**. Auch er steht auf Metallstelzen und einer Plattform – ist aber mit gut 22 Metern Gesamthöhe niedriger, damit die beiden **Leuchtfeuer** der Türme eine **Richtfeuerlinie** zur Orientierung für die Schifffahrt bilden konnten. Ebenfalls erbaut in den Jahren 1886/87, steht das Unterfeuer aber im Gegensatz zum Oberfeuer – das nach Dorum-Neufeld transportiert wurde – immer noch an seinem Platz. Seine Funktion ist heutzutage allerdings eine völlig andere: Im Jahr 1982 wurden an der Außenhülle zahlreiche Kartoffelkörbe und Lattenroste angebracht. Das Ziel: Brutplätze für Kormorane zu schaffen. Ein Vorhaben, das offensichtlich gelungen ist. Der ehemals schwarze Turm ist mittlerweile komplett weiß – durch die Ausscheidungen der vielen dort nistenden Vögel. Ebenfalls nicht mehr in Betrieb sind die zwei benachbarten Leuchttürme Meyers Legde aus demselben Baujahr.

Roter Sand

Rustikal eingerichtet: die Original-Küche im Roter Sand.

Wenig Komfort: die Kojen im Roter Sand.

Gewunden und den Leuchtturmfarben treu geblieben: die Wendeltreppe.

Gilt als Inbegriff der Leuchtturmschönheit: Roter Sand.

Technische Daten und Geschichte

Ob er nun will, oder nicht: Der Leuchtturm Roter Sand ist irgendwie der König unter den Leuchttürmen an der Nordseeküste. Mit seinem prächtigen Äußeren und dem gesamten Aufbau wirkt er wie eine rot-weiße Burg mitten im Meer – und als Bollwerk gegen das Meer wurde er auch gebaut. Insgesamt 52 Meter Höhe hat der Turmschaft, und ganze 22 Meter davon liegen unter der Wasseroberfläche – teils tief in die Sandbank eingespült.

Bei Niedrigwasser ragt der Roter Sand gut 30 Meter über dem Meer auf. Er wurde nach fünfjähriger Bauzeit am 1. November 1885 als erstes Offshore-Bauwerk der Welt eingeweiht. Noch bis 1964 versahen Leuchtturmwärter hier ihren Dienst. Dann sollte der Turm Anfang der 1980er Jahre abgerissen werden – was aber am Widerstand in der Bevölkerung scheiterte. Der Turm wurde aufwendig saniert und gerettet.

Nicole Schulze-Aissen
Angestellte

»Leuchttürme erinnern mich an Urlaub. Ich komme ursprünglich aus Aachen, und an der Küste zu sein, war immer etwas Besonderes, zu dem auch die Leuchttürme gehören.«

Tatsächlich vermittelt der Leuchtturm Roter Sand ein bisschen Urlaubsgefühl. Immerhin war er zwischenzeitlich das einzige deutsche Hochsee-Hotel. Vor allem aber ist der bekannte Leuchtturm das erste Offshore-Bauwerk der Welt, hat zwei Weltkriege und unzählige Sturmfluten überstanden. Am 1. November 1885 wurde der rot-weiß geringelte Turm weit draußen in der offenen See in Betrieb genommen.

»Das Besondere an dem Turm ist aber nicht etwa der rot-weiße Schaft, den alle Leute kennen«, sagt Dirk Peters, Schifffahrtsexperte und ehemaliger Technik-Historiker am Deutschen Schiffahrtsmuseum in Bremerhaven. »Für den Bau des Leuchtturmes Roter Sand wurde ein massiver Metallkasten 22 Meter tief in der Sandbank versenkt. Dadurch wurde es erst möglich, den Turm mitten im Meer zu bauen – eine technische Meisterleistung.«

Noch bis 1964 haben Leuchtturmwärter auf dem Turm Roter Sand ihren Dienst getan. Einer davon war Hans-Georg Dambrowski, der damals als letzter den Turm durch die massive Eisentür verlassen hat. »Ich habe praktisch im wahrsten Sinne des Wortes das Licht ausgemacht«, sagt der 80-jährige Bremerhavener. Zu viert haben die Männer in der Enge des rund 30 Meter hohen Turms auf fünf Etagen gelebt und gearbeitet – jeweils 14 Tage, bis die Ablösung kam. »Von Romantik oder Komfort war da keine Spur. Wir hatten einen alten Kohleherd, es war zugig und kalt, die Bettwäsche war klamm, und richtig duschen konnte man auch nicht«, erinnert sich Dambrowski. »Wir haben einen Blecheimer mit Löchern im Boden als Duschkopf und das Kühlwasser aus dem Dieselantrieb benutzt. Danach hat man sich gefühlt wie ein gewachstes Auto aus der Waschstraße.«

Rund 60 Kilometer entfernt von Bremerhaven, weit draußen in der offenen See, überwachten die Männer das **Leuchtfeuer** des Turms, meldeten per Funk aktuelle Wetterdaten zum Festland und waren der erste Kontakt für ankommende Schiffe auf dem Weg zur Küste. Auf vielen Postkarten und Gemälden ist der rot-weiße Turm mit den markanten Außenerkern verewigt worden. »Und für viele Auswanderer war der Leuchtturm Roter Sand das Letzte, was sie jemals von der deutschen Heimat gesehen haben«, sagt Dirk Peters.

Nach der Außerdienststellung war der Turm als Seezeichen überflüssig. Zudem wies er schwere Schäden am Fundament auf. Unter anderem deshalb plante Anfang der 1980er Jahre das Bundesministerium für Verkehr

den Abriss des beliebten Turms – hatte aber nicht mit dem Widerstand in der Bevölkerung gerechnet. »Wir hatten damals ruckzuck 1.000 Mitglieder zusammen«, sagt der Vorsitzende des Fördervereins »Rettet den Leuchtturm Roter Sand«, Rolf Pilz. Über Spendenaufrufe wurden 100.000 D-Mark für die Sanierung des Turms gesammelt. Überzeugt durch den Rückhalt in der Bevölkerung gab der Bund die Abrisspläne auf und Geld dazu: Insgesamt kamen mehr als 1,5 Millionen D-Mark zusammen. Das marode Turmfundament wurde in einer bis dahin beispiellosen Aktion mit einer 110 Tonnen schweren Stahlmanschette gesichert, die von einem **Schwimmkran** um den Fuß des Leuchtturms gelegt wurde.

Nach einem neuen Außenanstrich und verschiedenen Modernisierungsarbeiten war der Turm wie neu und wurde zwischenzeitlich von der Erlebnis Bremerhaven GmbH als Deutschlands einziges Hochsee-Hotel vermarktet. Ob und wie diese Möglichkeit genutzt werden kann, entscheidet jährlich und saisonal die Deutsche Stiftung Denkmalschutz als »Hausherrin« auf dem Turm. Dank der Rettungsinitiative für den Leuchtturm Roter Sand steht das erste Offshore-Bauwerk der Welt auch nach inzwischen 130 Jahren stolz, aufrecht und weithin sichtbar draußen in der Deutschen Bucht.

Arbeiten, Schlafen, Personalwechsel: das Leben der Leuchtturmwärter um 1900.

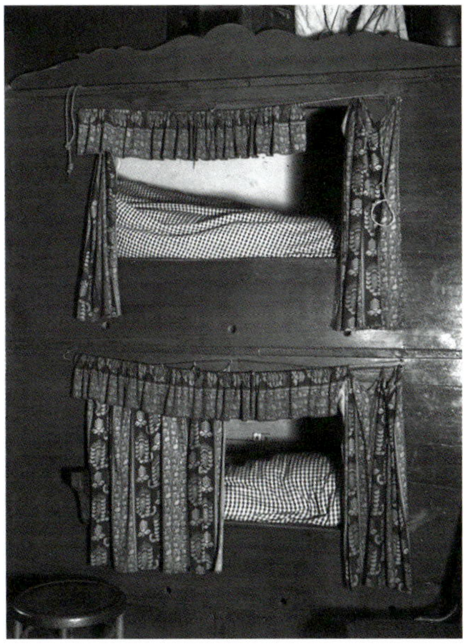

Mit einer Stahlmanschette wurde 1987 das Fundament des Turmes gesichert und der Roter Sand vor Verfall und Abriss gerettet.

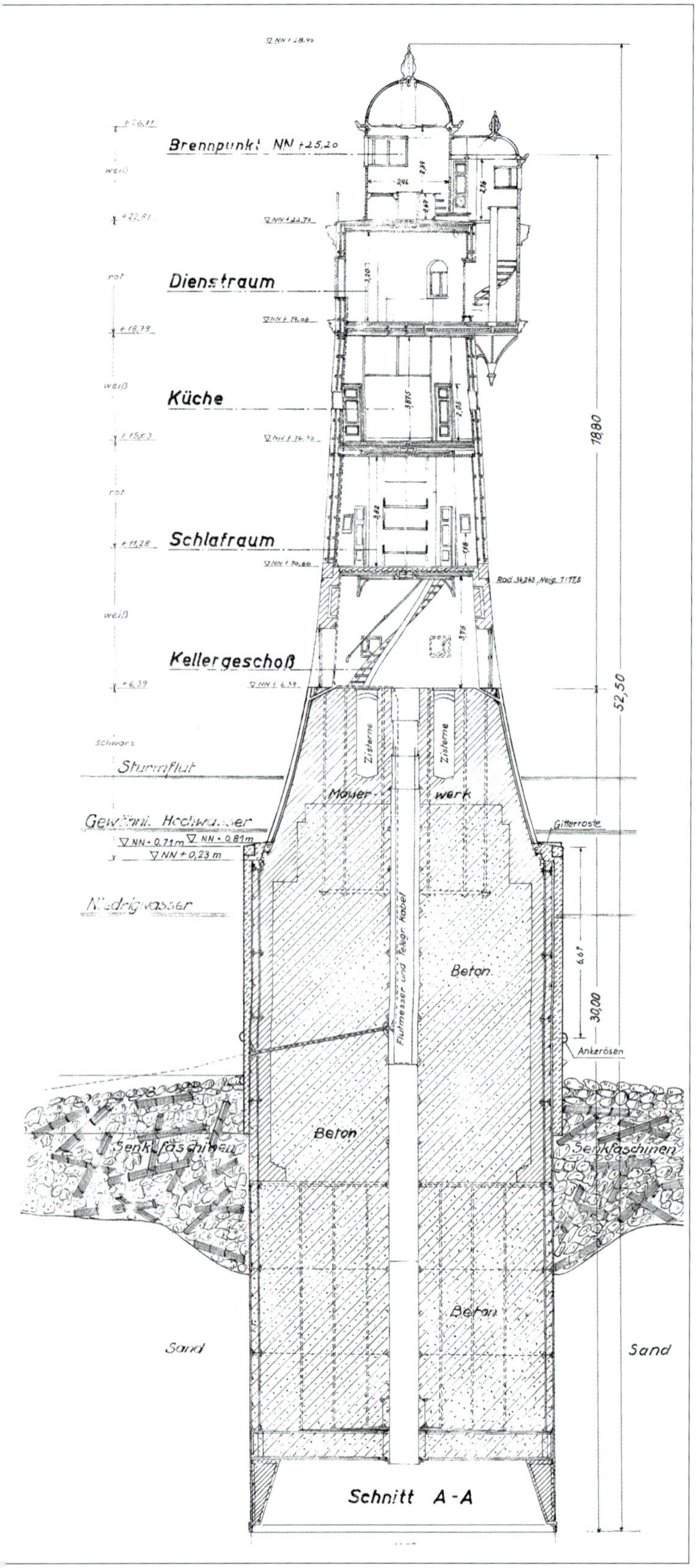

Aufwändig von innen und von außen: der Leuchtturm Roter Sand ist ein Gigant.

Salto mortale vom Roter Sand

Leuchttürme haben die Menschen immer schon zu den verschiedensten Geschichten beflügelt. Geister-Leuchtturmwärter, die bei Vollmond mit Laternen auf dem Turm stehen, Schiffbruch-Tragödien an sturmumtosten Klippen, Schmugglerbanden und Strandpiraten, die das Leuchtturm-Licht löschen – was davon wahr ist und was nur Fantasie, bleibt jedem selbst überlassen. Eine Geschichte aber, die absolut unglaublich ist, hat tatsächlich stattgefunden: der Salto mortale vom Leuchtturm Roter Sand.

Es ist der 21. August 1921, als der Berliner Kunst-Turmspringer Franz Waldheim ganz oben auf dem Leuchtturm an der Balustrade steht. Der stetige Nordseewind weht hier in 30 Metern Höhe mit ordentlicher Kraft – viel stärker, als der Binnenländer Waldheim es sich hätte träumen lassen. Absagen will er den wagemutigen Sprung trotzdem nicht. Immerhin winken ihm 5.000 D-Mark dafür. Es sind Filmaufnahmen von einem Seebäderschiff aus – der »Najade« – für die Produktion »Die japanische Maske« des Regisseurs Heinz Carl Heiland geplant.

Heiland hatte Franz Waldheim in einem Berliner Freibad bei waghalsigen Sprüngen von einem 8-Meter-Turm gesehen und auf die kleine Stunt-Rolle in dem Film angesprochen. Waldheim willigte ein – allerdings ohne sich richtig bewusst zu machen, dass acht Meter in einem windstillen Freibad doch etwas anderes sind als 30 Meter Höhe auf einem windumwehten Leuchtturm draußen auf der offenen Nordsee.

Zum Glück war der Leuchtturmwärter ein alter Marinekamerad Waldheims, sodass der Zutritt zum Turm kein Problem war – ganz anders als der Sprung selbst. Als Franz Waldheim an das Geländer am Kopf des Turms tritt, wird ihm klar, worauf er sich da eingelassen hat. Sicherheitshalber wirft er zwei Eisenstücke vom Turm herunter, um zu testen, wie der Fall der beiden Gewichte ist. Sie fliegen schnurgerade herunter – und landen krachend auf dem schwarzen Betonsockel des Turms. Waldheim wird blass. Eine andere Lösung muss her, und zwar schnell. Die »Najade« liegt auf Position und ist filmbereit.

Die Lösung: Sein Marine-Freund schwenkt den Auslegerkran des Turmes aus. Eine Bank wird kurzerhand mit zwei dicken Seilen links und rechts daran festgebunden, um zumindest ansatzweise so etwas wie ein Sprungbrett zu haben, sodass Waldheim für den Absprung einen größeren Abstand zum Turm hat.

Die Unsicherheit und die Nervosität bleiben. Franz Waldheim atmet tief ein und aus. Er greift sich die Seile der Bank, klettert herunter und kommt in 30 Metern Höhe mit ausgebreiteten Armen darauf zu stehen. Allerdings: Der Wind lässt das schmale Stück Holz, auf dem er steht, an den Seilen hin- und herpendeln. Franz Waldheim lässt sich davon nicht beeindrucken. Er geht ein paarmal auf der Bank-Sitzfläche hin und her, fühlt sich zunehmend sicherer und besser. Schließlich macht er vor den Augen der verdutzten Schiffsbesatzung und der Passagiere der »Najade« sogar noch einen Handstand am Ende der Bank. Dann kann es losgehen.

Die Kamera an Bord des Seebäderdampfers läuft. Der Regisseur gibt das Signal. Franz Waldheim nimmt allen Mut zusammen, schließt die Augen und geht den geplanten Sprung wie in Zeitlupe noch einmal in seinem Kopf durch. Fünfeinhalb Mal will er sich im Fall drehen, bevor er mit geschlossenen Handflächen die Meeresoberfläche dort unten am

Turmschaft zerteilt und ins Wasser eintaucht. Dann stößt er sich ab.

In rasendem Fall saust er nach unten, am rot-weißen Schaft des Turms vorbei. Der geübte Turmspringer dreht sich und dreht sich um sich selbst im Salto – einmal, zweimal, dreimal, viermal – plötzlich fühlt er einen fürchterlichen Schlag. Waldheim hat sich verrechnet. Statt fünfeinhalb Mal dreht er sich nur knapp viermal und schlägt mit unglaublicher Wucht auf das Wasser. Ein Irrtum, der ihn fast das Leben kostet – doch er hat Glück im Unglück und trifft mit dem Kopf auf. Ein Aufschlag in Bauch- oder Rückenlage hätte ihn wohl getötet.

Unten am Turmfuß wartet glücklicherweise sein alter Marinekamerad und Leuchtturmwärter. Er packt den besinnungslosen Waldheim mit dem Bootshaken, zieht ihn aus dem Wasser. Erst im Krankenhaus in Bremerhaven wacht der wagemutige Kunstspringer mit angeschwollenem Gesicht und einer Platzwunde an der Wange aus der Besinnungslosigkeit auf.

Den Film, für den er fast sein Leben verloren hatte, hat Franz Waldheim nie gesehen. Er ist auch nie wieder aus so großer Höhe gesprungen. Und er war nie wieder auf dem Leuchtturm Roter Sand.

Lüttes Leuchtturmlexikon

Außenweser
Außenbereich der Weser im Nationalpark Niedersächsisches Wattenmeer

backbord
linke Seite des Schiffes (in Fahrtrichtung)

Bug
vorderer Teil und Spitze eines Schiffsrumpfs

Containerkaje
befestigte Hafenanlage am Fluss- oder Meeresufer, an der Schiffe zum Be- oder Entladen anlegen

Fahrwasser
meist der mittlere Teil eines Flusses, der tief genug für die Schifffahrt ist

Feuerschiff
Schiff, das als beleuchtetes Seezeichen mit Laternen in den Masten in einer Flussmündung liegt, um anderen Schiffen in der Dunkelheit den Kurs zu weisen

Hubinsel
bewegliche und schwimmende Arbeitsplattform auf vier Beinen, die auf dem Meeresgrund verankert werden kann

Kaiserschleuse
305 Meter lange und 55 Meter breite Schleuse in Bremerhaven aus dem Jahr 1897, die 2011 für mehr als 230 Millionen Euro modernisiert wurde

Leuchtfeuer
Seezeichen, die bei Dunkelheit Licht ausstrahlen, um Schiffen den Weg zu weisen

Leuchttonnen
schwimmende Metallkörper mit Laterne am Kopf, die das Fahrwasser für Schiffe markieren und am Flussboden mit einem Ankerstein befestigt sind

lütt
Plattdeutsch für »klein«

Mahlsand
feinkörniger Sand einer Sandbank, der durch Wellen und Gezeiten in ständiger Bewegung ist

Marina
Hafen mit Liegeplätzen für Segelschiffe und Motorboote

Mole
Hafenmauer, Bauwerk in einem Gewässer, Wellenbrecher

Oberfeuer
der höhere von zwei Türmen, die mit ihrem Licht die Schifffahrt leiten

Pingelturm
Seezeichen an der Bremerhavener Kaiserschleuse mit einer Glocke, die bei Nebel in bestimmen Zeitabständen erklingt und Signal gibt

Priele
natürlicher Wasserverlauf im Wattenmeer, über den bei Ebbe Wasser abläuft und bei Flut wieder zuläuft

Quermarkenfeuer
Leuchtfeuer, die quer zum Kurs eines Schiffes leuchten und einen Bereich markieren, in dem eine Kursänderung vorzunehmen ist, um im fahrbaren Wasser zu bleiben

Radarkette
Radarsysteme, die von Land aus den Schiffsverkehr überwachen

Rettungsbake
Bauwerk im Wattenmeer, auf das sich beispielsweise Wattwanderer retten können, die von der einsetzenden Flut überrascht werden

Richtfeuerlinie
ein niedriger und ein höherer Turm (Unterfeuer und Oberfeuer). Liegen beide Lichter optisch in einer Linie hintereinander, weiß der Kapitän eines Schiffes bei Dunkelheit, dass er sich in der Mitte des sicheren Fahrwassers befindet

Richtfunkturm
Turm in Bremerhaven, der zur Überwachung der Schifffahrt auf der Weser dient. In der Revierleitzentrale am Fuß des Turms werden die Signale verschiedener Radarstationen ausgewertet, um so den Schiffsverkehr auf dem Fluss im Blick zu behalten

Schiffsbrücke
Kommandozentrale eines Schiffes, von der aus das Schiff gesteuert wird

steuerbord
rechte Seite des Schiffes (in Fahrtrichtung)

Schwimmbagger
Schiff oder Wasserfahrzeug, das durch Baggern einen Fluss oder ein Hafenbecken auf Tiefe hält

Schwimmkran
schwimmender Kran, der für Hebe- und Transportarbeiten auf dem Wasser eingesetzt wird

Tonne
schwimmender Metallkörper, der flache Wasserstellen oder auch Schiffswracks markiert und am Flussboden mit einem Ankerstein befestigt ist

Tonnenleger
Spezialschiff, das mit Hilfe eines Krans an Bord die Seezeichen auf einem Fluss ausbringt und sie auch wartet

Unterfeuer
der niedrigere von zwei Türmen, die mit ihrem Licht die Schifffahrt leiten

Vordeichgelände
Grünland und Gelände vor dem Deich, das bei Sturmfluten überspült wird

weseraufwärts
vom Meer aus gesehen gegen die Fließrichtung des Flusses in Richtung Binnenland

Bildnachweis

Manfred Bartels: Titelfoto, S. 46, 47, 59, 66, 87, 88 u., 89
bremenports GmbH & Co. KG: S. 17, 48 u.r., 53, 55 o., 56
Förderverein Leuchtturmdenkmal Obereversand e.V.: S. 83, 84, 86
Helmut Gross: S. 21, 27, 29, 50, 51 re., 77, 78, 82
Helmut Stapel: S. 8–10, 12, 15, 18, 19, 20 u., 22, 23, 26 o., 28, 30, 33, 35 u., 37–40 li., 41, 42 o., 43–45, 49, 51 li., 54, 55 u., 60, 63 o., 67, 76, 90
Wasser- und Schifffahrtsamt Bremerhaven: S. 11, 13, 14, 16, 20 o., 24, 25, 26 u., 31, 32, 35 o., 40 re., 42 u., 48 o. & u.l., 52, 57, 58, 61, 62, 63 u., 64, 65, 68, 69, 70–75, 81, 85, 88 o., 91–93
Wremer Heimatkreis e.V.: S. 79, 80

Die Deutsche Nationalbibliothek verzeichnet diese Publikation in der Deutschen Nationalbibliografie; detaillierte bibliografische Daten sind im Internet über http://dnb.dnb.de abrufbar.

Impressum

www.schuenemann-verlag.de

1. Auflage 2016

Texte und Konzept: Helmut Stapel
Lektorat: Corinna Fritsch
Covergestaltung: Karin Hannemann
Satz und Buchgestaltung: Gesche Trötschel, Karin Hannemann

Printed in EU 2016 | ISBN 978-3-944552-81-1

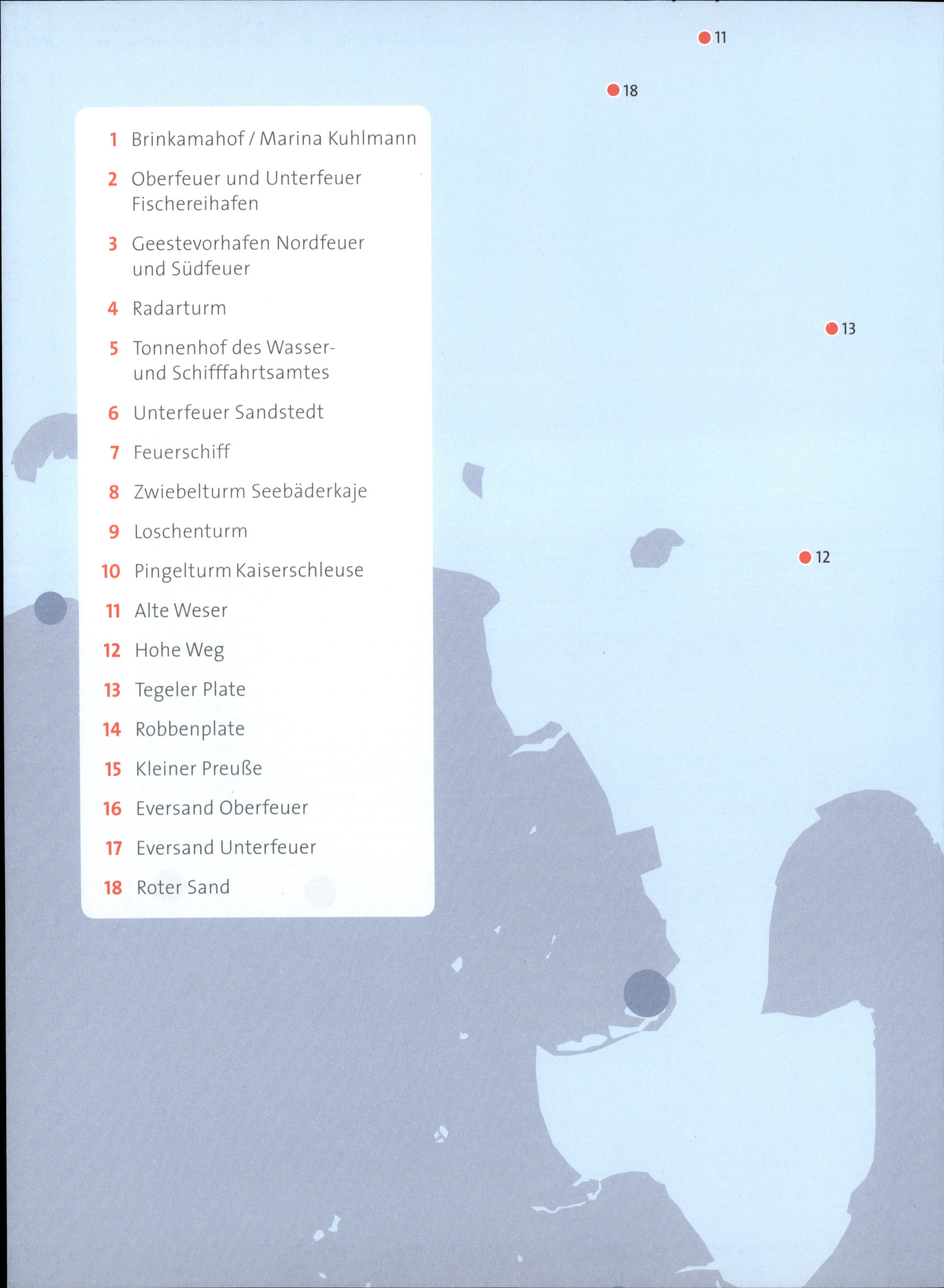
11
18
1 Brinkamahof / Marina Kuhlmann
2 Oberfeuer und Unterfeuer Fischereihafen
3 Geestevorhafen Nordfeuer und Südfeuer
4 Radarturm
5 Tonnenhof des Wasser- und Schifffahrtsamtes
6 Unterfeuer Sandstedt
7 Feuerschiff
8 Zwiebelturm Seebäderkaje
9 Loschenturm
10 Pingelturm Kaiserschleuse
11 Alte Weser
12 Hohe Weg
13 Tegeler Plate
14 Robbenplate
15 Kleiner Preuße
16 Eversand Oberfeuer
17 Eversand Unterfeuer
18 Roter Sand
13
12